海丰彩椒1号

京彩黄星2号

U0383528

京彩红星2号

1

中椒 6 号

京辣 2 号

京辣 8 号

海花 117

2

海丰 23 号

海丰 24 号

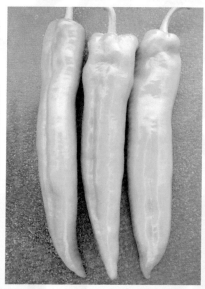

海丰 28 号

苏椒 3 号

3

无土育苗：播种

无土育苗：覆盖蛭石

农作物种植技术管理丛书

怎样提高辣椒种植效益

主　编
申爱民

编著者
申爱民　张建国　庞淑敏
王　鹏　郑军伟　谢崇信

金盾出版社

内 容 提 要

本书共分为六章。第一章简述了我国辣椒生产现状、生产发展趋势以及当前制约辣椒种植效益的关键问题,为学习和掌握种植辣椒技术提出了方向。其余五章针对辣椒选种、育苗、栽培管理和除虫用药等方面的误区,全面系统地介绍了辣椒品种的选择、育苗技术、栽培管理、病虫害发生与防治以及经济效益分析和市场营销等技术措施。本书适于广大菜农学习和使用,也可供农业科技人员和农业院校相关专业师生阅读参考。

图书在版编目(CIP)数据

怎样提高辣椒种植效益/申爱民主编.—北京:金盾出版社,2006.9(2018.1 重印)
(农作物种植技术管理丛书)
ISBN 978-7-5082-4183-8

Ⅰ.①怎… Ⅱ.①申… Ⅲ.①辣椒-蔬菜园艺 Ⅳ.①S641.3

中国版本图书馆 CIP 数据核字(2006)第 085714 号

金盾出版社出版、总发行

北京市太平路 5 号(地铁万寿路站往南)
邮政编码:100036 电话:68214039 83219215
传真:68276683 网址:www.jdcbs.cn
彩色印刷:北京印刷一厂
黑白印刷:北京军迪印刷有限责任公司
装订:北京军迪印刷有限责任公司
各地新华书店经销
开本:787×1092 1/32 印张:5.125 彩页:4 字数:110 千字
2018 年 1 月第 1 版第 11 次印刷
印数:74 001～77 000 册 定价:15.00 元

目 录

第一章 我国辣椒生产概况及发展方向

一、我国辣椒生产的概况

辣椒是我国人民喜食的鲜菜和调味品之一,在世界各地都有栽培,我国栽培也很普遍,分布范围较广,种植面积居世界首位。目前在我国,辣椒种植面积仅次于白菜,居蔬菜作物第二位,其产值和效益高于白菜而位居蔬菜作物之首。

近年来,随着人们生活水平的不断提高和消费习惯的改变,食用辣椒的人越来越多,辣椒的需求量也越来越大。进入 20 世纪 90 年代,由于栽培技术水平的提高和运输业的发展,辣椒生产已不再受地域和季节的限制。"南菜北运"、"北菜南运"、"保护地生产"等蔬菜基地的建成,彻底改变了我国"就近生产,就地销售"的蔬菜供销格局,形成了蔬菜"大生产,大流通"的新局面。辣椒由于具有耐贮运的特点,全国各地基本上实现了周年均衡供应,使辣椒生产进入了规模商品化阶段。

我国辣椒年种植面积为 125 万～130 万公顷,全国有 20 多个省、市、自治区都有辣椒的种植栽培,其中年种植面积超过 6.67 万公顷的省份有河南、江西、贵州、湖南等 6 个。据不完全统计,1994 年我国辣椒种植面积约 41 万公顷,总产量 910 万吨;而 2000 年以来,我国辣椒种植面积在 125 万～130 万公顷之间,总产量达到 3 500 万吨,约占世界总产量的 46%,总产值近 700 亿元。2003 年我国农业总产值为 17 247 亿元,占国民经济总产值的 15%,其中蔬菜总产值为 4 200 多万元,占农业总产值的 24%,而辣椒就占到农业总产值的 4%。

实践证明,辣椒具有适应性强、高产稳产、耐贮运、种植技术易掌握、经济效益较高的特点。因此,种植辣椒是农民脱贫致富的重要途径,是振兴农村经济的重要产业之一。我国农村在农业产业结构调整中,很多地方都把种植辣椒作为提高农民收入的重要产业。现在,已形成了许多辣椒生产基地,辣椒已成为当地的主要经济作物和重要的经济来源。据统计,我国现有 160 多个县(乡、镇),如河南省的杞县、淅川县、邓州市、柘城县、内乡县、清丰县、内黄县、方城县等,贵州省的遵义县,河北省的鸡泽县和望都县,云南省的丘北县,江西省的永丰县及湖南省的湘西地区,辣椒都已成为这些地区的主要支柱产业。

近十多年来,辣椒生产发生了很大的变化,鲜食辣椒以城市郊区春夏栽培、南方几省冬季栽培和华东、华北等省越夏或大棚秋延栽培等方式为主,生产呈现基地化、规模化的格局。对于辣椒加工,全国各地也非常注重品牌的建设,形成了几大产区,如湖南湘西的羊角椒、贵州遵义的朝天椒、陕西的线椒、河南的三樱椒、东北的羊角椒和四川的小海椒等。辣椒基地化生产的出现,结束了计划经济下"就地生产、就地销售"的旧格局,形成了全国大流通的新格局。目前我国辣椒生产基地和城市郊区种植的辣椒品种主要是杂交一代,以国内品种为主;在山东等辣椒种植基地,则以国外品种为主流;部分农村农民零星种植和加工用的辣椒品种主要是地方品种。

二、我国辣椒生产的发展方向

(一)栽培品种专用化

辣椒的不同栽培方式及生产目的对品种均有不同的要求,特别是随着辣椒标准化生产的发展,要求辣椒的各种栽培方式都将有与其相配套的专用优良品种,按照不同的自身特点进行栽培管理,提高产量和经济效益。

(二)设施栽培规模扩大化

温室、大棚辣椒生产的规模将不断扩大,露地辣椒的生产规模将日益减少,辣椒的生产和市场供应将日趋均衡。设施栽培具有栽培环境易于控制、产品质量好、受自然条件影响小、栽培期长、产量高、效益高的特点。特别是设施栽培可以根据市场需求灵活调节生产时间,安排栽培茬口,避免产品的上市时间过于集中等优点,这是蔬菜高产、高效栽培的发展方向。同其他蔬菜一样,辣椒作为主要设施蔬菜,其设施栽培的规模也将呈不断扩大的趋势。

(三)栽培管理措施科学化

随着科学技术的发展,辣椒的生产技术也将日趋完善。栽培技术将配套化,使各种栽培方式都将有与其相适应的科技含量较高的配套栽培管理措施相辅助,使栽培和管理更科学,体现品种的优势。

(四)管理技术现代化

一些科技含量较高的现代管理技术将被普遍推广应用,其中如嫁接栽培技术、新法整枝技术、化控技术、再生栽培技术和微灌溉技术等科技含量较高的先进技术将优先受到重视。

(五)辣椒生产已向优质、高效、安全方向发展

现在人们对蔬菜的品质,尤其是蔬菜的安全卫生特别重视,国内不少市场已实行蔬菜市场准入制,而国际市场绿色壁垒更加严峻。因此,菜农必须生产无公害蔬菜,在无工厂废气、废水、废渣污染的基地种菜;生产过程中不使用剧毒和高残留农药,对症选用高效低毒农药,严格控制使用的浓度、用量、安全间隔期;尽量施用腐熟农家肥,控制使用化学氮肥,以免蔬菜中硝酸盐含量超标。在此基础上生产有机蔬菜(不使用任何农药、化肥、激素),才能在国内外市场畅销。辣椒实行标准化生产是大势所趋。

标准化生产是按照一定的生产流程和操作规范对辣椒进行生产管理,其主要目的是控制辣椒的生产环境,控制化肥、农药和其他有害物质的含量,确保辣椒生产过程无公害,生产出符合有关质量标准要求的辣椒产品。

三、当前制约我国提高辣椒种植效益的关键问题

(一)综合性状优良的品种比较缺乏

目前大多数辣椒品种在结果能力和果实品质方面表现得

比较好,但在抗病性方面,特别是抗病毒病和疫病方面表现较差;也有一些品种对常见病害有较强的抗病性,但在结果能力或果实品质等方面却表现得比较差,而二者兼顾的品种比较匮乏。

(二)栽培方式单调、落后,生产效益不高

目前我国辣椒生产方式主要是露地栽培,虽然个别地方也有一些高档次的保护设施和较为先进的栽培技术,但总体来讲,我国目前辣椒保护地生产方式还比较简单。南方地区主要是塑料大棚栽培,北方地区也以塑料大棚早春栽培为主,仅部分地区使用改良型日光温室或加温温室进行小规模的秋冬栽培和早春栽培。由于设施结构简单,保温能力差,光照不足,导致设施辣椒生产产量不高,效益上不去。

(三)辣椒生产面积盲目扩大

种植面积的增加,基地化、区域化生产,使辣椒产量大增,但由于宏观调控不力,信息不灵,出现区域性、阶段性过剩。辣椒生产的增效已不能单纯依靠增加面积,必须让农民种好辣椒,科学种辣椒,种上档次辣椒,提高辣椒生产的档次,提高质量及产量以增加收入。因此,各级各部门不要盲目扩大种植辣椒面积,而应该在发展起来的规模上进行摸底考察,充分做好市场调查,分析市场的需要,根据市场做好辣椒生产规划,不能盲目无限制地发展,以免造成生产的过剩,挫伤农村经济。

(四)种子质量参差不齐

目前市场上辣椒品种很多,来源复杂,种子质量参差不

齐。农民选种时应慎重,以免给自己造成损失。

(五)病虫危害普遍较严重

由于受品种的抗病能力限制以及辣椒严重重茬的影响,目前,辣椒生产上的病虫危害普遍严重,特别是疫病、病毒病等一些病害发生严重。一些发病严重的地方,特别是在重茬严重的保护地里,已到了无法继续种植的地步。

(六)辣椒种植技术,特别是反季节栽培技术水平仍较低

目前,多数地方仍沿用传统的、落后的辣椒栽培技术,特别是在保护地栽培中,与保护地栽培相配套的新法整枝技术、微灌溉技术、配方施肥技术、病虫害烟剂防治技术、二氧化碳气体施肥技术、化控技术和再生技术等难以推广应用,更多的是把露地辣椒栽培的方法搬进了温室、大棚内,从而限制了保护地辣椒生产潜力的发挥。

种植辣椒要想提高产量、增加收入,必须按照农业科学技术进行栽培管理。据报道,蔬菜生产的科学技术贡献率已达到45%,如果再提高5%、10%或者更高,辣椒产量就会有更大的提高。所以,种植一个辣椒品种,首先要摸清品种的特性,以此为依据,算出需要的施肥量、浇水量,进行科学管理,提高种辣椒的产量、质量和效益。

(七)无公害生产程度偏低

由于盲目追求高产,并且受落后的栽培方式和设备的限制,造成辣椒生产中大量使用化肥、农药的现象比较普遍,特别是氮素化肥和剧毒农药的使用量在一些地方长期居高不下,导致辣椒产品中的硝酸盐和农药残留严重超标。

第二章 辣椒品种的选购

一、辣椒的分类

辣椒在我国栽培已有四五百年历史,经过我国人民的长期选择和科研部门的专门选育,现在的品种比过去有了很大的改进和提高,在结果能力、果实大小、生长势、抗病性,以及熟性、果色、辣味的多样化方面均有了很大的提高。

辣椒在生产上分为辣椒和甜椒两大类,前者有辣味多为长尖椒,后者无辣味多为灯笼形。辣椒按果实分,其形状大小差别很大,有纵径 30 厘米的线椒、牛角椒、羊角椒;有横径 15 厘米、单果重 500 克以上的大甜椒;也有小如稻米的细米椒。生产上常用的果形种类为羊角椒、牛角椒、灯笼椒、樱桃椒、簇生椒种线椒,前 3 种多用作鲜食,后 3 种多用作干制椒。辣椒果肉厚度一般在 0.1~0.8 厘米之间。

按辣椒素含量的不同,辣椒可分为极辣、中辣、微辣和不辣(甜椒)4 种类型。由于辣味的不同,使辣椒能够适应各个地区人们的消费需求。

按辣椒成熟期早晚,可分为极早熟、早熟、中早熟、中熟、中晚熟、晚熟 6 种类型。根据上市的早晚可选择相应的品种,以满足市场的需要。

按辣椒颜色,可分为绿色(又分为浅绿、绿、深绿)、黄色、白色、橙色、红色、紫色等。一般果色在青果采收期即表现出来,大多数辣椒在老熟期为红色。黄、白、橙、红、紫等色的辣椒称为彩色椒。近十年来,彩色椒开始在我国种植,但栽培面积较小,其产品主要为高档饭店、超市以及元旦春节期间市场供应,生产上栽培较多的仍是绿果和红果辣椒。"五彩椒"是同株上果实因转色期不同,形成几种颜色的一种辣椒品种,多用作观赏栽培。

二、辣椒选种购种存在的误区

优良品种是指所用的辣椒品种具有当前栽培所需要的优良性状,主要包括优良的产量性状、商品性状、抗病性和整齐性等;也要适合当时的栽培环境,具有较强的抗逆性以及对栽培环境有较强的适应能力。选好良种是提高辣椒种植效益的首要保证。

目前辣椒品种成百上千,种子市场十分活跃,农民往往跟从他人选用品种,因品种选择不当而造成经济损失。因此,一定要远离盲目选种购种的误区。

(一)选用越区品种

每个品种都有一个适宜的栽培区域和栽种季节,切不可盲目追求高产品种,而忽略品种自身生长条件,应根据当地的自然条件以及产品销售地消费习惯,选用合适的品种。种植辣椒随季节、地区、用途以及消费习惯的不同,要求不同的品种适应不同的生产方式。因此,在选用品种上要讲究科学性,要因地制宜地选用相适应的品种,这是当前辣椒生产的特性。

(二)购买未经国家、省、市有关部门审定的品种

审定的品种是得到国家、省、市政府部门认可的可在一定

区域内进行种植的品种,具有质量保证。但近几年来,我国不少省份蔬菜品种已不再进行审定,在这种情况下,购种前最好到农业技术部门或农业科研单位找专家咨询清楚;也可到引种成功的农民那里,详细了解品种的相关信息,考察品种的来源及适种地区,判断其是否适合本地区种植。此外,还要咨询品种的特征特性,了解其丰产性、抗病性、抗逆性及产品的耐贮性和适应性等情况,以及该品种对种植条件、种植技术的要求。选择适合本地发展的品种是保证选种成功的关键。

(三)购买劣质假种

一些农民为了图省事、图便宜,常常串换品种,或是从一些不法商贩手中购买质量无法保证的劣质假种,不仅造成经济损失,还产生严重的负面影响。购买种子一定要到国营种子公司和有《种子生产许可证》、《种子经营(代销)许可证》、《种子质量合格证》和《营业执照》的“三证一照”的售种单位去买。要购买的品种确定后,还必须认真查看种子的质量。对种子的光泽度、饱满度、纯度以及霉变情况要逐项检查,有疑问的要及时查询。同时还要了解种子的发芽率、纯度、净度、含水量等技术指标。种子的新陈好坏,直接与产量效益相关联。辣椒种子的有效收存期限最长不得超过3年,超过3年,不但发芽率低,而且部分种子出苗成活后,其产量也不高,所以,选购种子时,务必仔细观察种子的颜色。新籽呈金黄色,陈籽则呈杏黄色,若籽变成褐色,说明种子至少收存了3年以上,则根本不能作种。千万不要去临时拼凑的、卖完种子就撤的门市购买种子。

(四)注重品种的高产性而忽视了抗病性

有些菜农单纯追求产值,而忽略了抗病的重要性,加之不注意轮作倒茬,导致菜田病害逐年增加。因此,品种本身的抗病性就显得至关重要。要先了解当地的病害种类,购种时选择具有抗病性的品种。

(五)不注意品种更新

优良品种是生产优质、高产、高效辣椒的基础。新品种在抗病性、产量、品质等方面得到了很大的提高,辣椒品种大多实现杂种一代化。消费和生产的多样化和蔬菜育种水平的提高,以及为适应不同需求,辣椒品种不断推陈出新,而且更新速度越来越快。在当前经济社会中,生产者必须根据市场和生产的要求,不断更新栽培品种,充分利用最新的科技成果。

(六)其他注意事项

注意种子的生产日期,避免过期种子。注意检查种子包装是否规范。注意阅读种子使用说明和注意事项。不明事项要及时咨询,以免操作失误,影响产量和品质。购买种子时一定要索取发票和信誉卡,注意保存种子包装袋、信誉卡和购种发票,时间为一季。在发生种子纠纷时,以此为依据进行索赔。

三、选择辣椒品种的原则

不同地区人们的饮食习惯不尽相同,就辣椒的消费适应性和生态适应性而言,微辣型主要适于长江中、下游各地;辣味型主要适于中南、西南、西北、东北等地区;而甜椒型主要适于华东、华北等地区。因此,要根据生产目的、消费习惯的不同,因地制宜的选用辣椒品种。

对辣椒品种的选择,应注意如下 6 个原则。

(一)根据栽培形式选择品种

选用的辣椒品种与所选的栽培形式要适应。一些适合温室、大棚栽培的辣椒品种,在露地栽培条件下单产很低;同样,适合露地栽培的辣椒品种,在保护地内因植株生长势过于旺盛,造成严重的落花落果而大幅减产。北方地区露地栽培的丰产品种,在南方地区栽培,有的也严重减产。

一般来讲,栽培时期短应优先选用早熟品种;栽培时期长应选择生长期较长的中、晚熟品种;露地栽培应选用耐热、适应性强的品种;冬春保护地栽培应选用耐寒、耐弱光能力强、在弱光和低温条件下容易坐果,适应保护地小气候环境的辣椒品种;越夏延秋栽培应选择生长势强、耐热抗病、适应性强、丰产的中、晚熟辣椒品种;辣椒特产区属于高山气候的地区,春季温度上升慢,但夏季凉爽,有利于辣椒越夏,宜选用中、晚熟品种。

辣椒干制基地应选择具有辣味浓厚、含干物质多、果皮薄宜干燥,而且抗逆性强、产量高、干制率高等特点的品种。

用于生产色素的品种,是为此专门栽培种植的,不是任何品种都可以作提取色素用的。

(二)根据当地和外销地的消费习惯选择品种

选用的辣椒品种在果实的形状、颜色等方面适合消费习惯。一般来讲,南方地区较喜欢辣味较浓的品种;北方地区则相对较喜欢辣味较淡的品种。就果形来讲,南方地区相对比较喜欢牛角形、羊角形等长椒类品种;北方地区则相对比较喜欢大甜椒、柿子椒等大果类品种。有的地方喜欢黄绿皮色品种,有的地方喜欢深绿皮品种。生产者在组织和安排辣椒生产时,一定要对销售市场的商品要求作充分的调研,然后再选择相应的品种。

(三)根据辣椒的栽培季节选择品种

冬季温室栽培辣椒多以供应大中城市和酒店、宾馆为主,适宜选择档次较高的灯笼椒类品种,特别是彩色椒类品种;春季栽培应选择早熟、耐寒性强的辣椒品种;夏秋栽培应选择耐高温能力强、耐潮湿、抗病性强的中晚熟品种。

(四)根据生产目的选择品种

我国各地利用气候差异形成了专业化生产、社会化供应的辣椒外销基地,例如河南省杞县,陕西省子长县,广东省的茂名、湛江至海南省以及云南省云谋县等地,有的是炎夏南运,有的是隆冬北销,都需经过几天的长途运输,并要在相当一段时期内销售。

对于辣椒外销者来说,除了考虑外销地消费习惯外,品种的耐贮性也非常重要。应选择果肉较厚、耐贮运能力强的品种才能较好地保持其品质;而以就地销售为主要目的时,应选择辣椒的形状、色泽、口感等符合当地消费习惯的品种;生产干辣椒时,除了考虑产量外,还应考虑干椒的收购标准,所选品种必须符合收购单位的要求。

(五)根据当地病害发生的情况选择品种

病害是造成辣椒减产的主要原因之一,选用抗病品种是丰产、稳产、降低生产成本、减少农药使用量等对产品和环境污染的重要途径,并易于生产无公害蔬菜。就目前辣椒生产上的病害危害情况而言,露地辣椒必须选用抗病毒病、日烧病、疫病以及炭疽病能力强的品种;冬春保护地内栽培辣椒要求所用品种对辣椒枯萎病、疮痂病、青枯病和软腐病等主要病害具有较强的抗性或耐性。但是一个抗病品种往往只是抗一种或几种主要病害,生产者在选择品种时应注意选择抗当地主要病害的新品种。从生态型差别很大的地区引进新品种时更应注意抗病性问题。

另外,抗病也是相对的,在不合理的栽培管理条件下,抗病品种同样会发病,甚至还会很严重,所以在生产中仍要科学管理,防止病害的发生和蔓延,才能真正发挥抗病品种的作用。同时也不能长期使用同一抗病品种,否则,品种的抗病性易丧失。

(六)根据产品的商品性及品质选择品种

种植前,要根据市场的需求和产品的去向选择适合的品种。例如,哈尔滨、长春、大同等城市的市民喜欢大果型的甜椒;东南沿海各大、中城市和港、澳地区的消费者喜欢果肉厚、果个中等、光亮翠绿的甜椒。产品只有具有良好的商品性,才可以产生经济效益。现在的消费者越来越关注蔬菜的品质,优质的蔬菜产品容易被消费者接受。所以生产者要选择商品性好、品质优良、营养价值高,甚至有一定保健作用的新品种。

四、品种介绍

(一)辣椒品种

1. 极早熟、早熟品种　此类品种有湖南省农业科学院蔬菜研究所选育的福湘 1 号和福湘 2 号;中国农业科学院蔬菜花卉研究所选育的中椒 10 号和中椒 13 号;北京市海淀区植物组织培养技术实验室选育的海丰 14 号、海丰 23 号、海丰 38 号;河南省农业科学院园艺研究所选育的豫椒 977;广州市蔬菜科学研究所选育的辣优 1 号、辣优 2 号、辣优 8 号和辣优 11 号;洛阳市辣椒研究所选育的豫椒 4 号和洛椒 7 号;郑州市蔬菜研究所选育的豫椒 5 号;沈阳市农业科学院蔬菜研究所选育的沈椒 4 号、沈椒 5 号和沈椒 6 号;山西省农业科学院蔬菜研究所选育的晋尖椒 2 号;江苏省农业科学院蔬菜花卉研究所选育的苏椒 5 号;安徽省农业科学院园艺研究所选育的皖椒 4 号;辽宁省农业科学院园艺研究所选育的辽椒 12 号;广东省农业科学院蔬菜研究所选育的粤椒 1 号、粤椒 2 号、粤椒 8 号和粤椒 9 号;江苏省南京星光蔬菜研究所选育的天骄 6 号;江西省南昌市蔬菜研究所选育的早杂 2 号等。以下介绍 3 个品种。

苏椒 5 号:江苏省农业科学院蔬菜花卉研究所培育的早熟一代杂交种。前期结果多且连续结果性强,果实膨大快,早期产量及总产量均高。果实长灯笼形,单果重 40～50 克,色绿、皮薄质嫩,微辣,耐肥,耐低温、耐弱光,不易徒长,是当前塑料大棚及日光温室最佳栽培品种之一,每 667 平方米栽 4 000～4 500 株,产量在 5 000 千克左右。

豫椒5号:郑州市蔬菜研究所选育的杂交一代早熟新品种,1996年4月通过河南省农作物品种审定委员会审定并命名。该品种株高65厘米,开展度60厘米,株型紧凑,生长势强,叶卵圆形,深绿色,初花着生节位10~11节。果实粗羊角形,成熟鲜果深绿色,纵径13~15厘米,横径3.3厘米,肉厚0.24厘米,平均单果重35克,每百克鲜果含维生素C 87.8毫克,可溶性糖占2.83%。果肉细密,风味微辣,适于鲜食,品质极佳。耐低温,较抗疫病和病毒病,一般每667平方米产3 000~5 000千克。适合日光温室、大小拱棚及春露地地膜早熟栽培。

海丰14号:北京市海淀区植物组织培养技术实验室1999年育成的早熟一代辣椒杂交种,2001年通过北京市农作物品种审定委员会审定。该品种株高80厘米,开展度65厘米×75厘米,初花着生节位8~9节,果实长羊角形,辣味适中,耐热性好,植株生长势强,连续坐果能力强。果浅黄绿色,纵径21.2厘米左右,果横径约3厘米,果面光滑,果肉较厚。每667平方米产量为4 500千克左右。海丰14号早熟性强,露地、保护地均可栽培。露地栽培密度每667平方米5 500株,保护地为每667平方米栽种4 500株左右。北方地区一般12月中下旬播种、育苗,保护地栽培3月下旬定植,露地4月中下旬定植。定植后以促为主,促控结合。后期加强水肥管理,促进高产。适合南方北运菜基地和北方地区早春保护地和秋季大棚种植。

2. 中早熟品种 此类品种有郑州市蔬菜研究所选育的郑椒9号、郑椒11号、康大301、康大401、康大501、康大601和查理皇;中国农业科学院蔬菜花卉研究所选育的中椒6号;北京市蔬菜研究中心选育的京辣8号、都椒1号;重庆市农业科学研究所选育的渝椒 4 号、渝椒 5 号;内蒙古赤峰市农业科学研究所选育的赤研 1 号;河南省开封市蔬菜研究所选育的汴椒 1 号;河南省开封红绿辣椒研究所选育的领航者;江苏省农业科学院蔬菜花卉研究所选育的江蔬 2 号、江蔬 6 号;江苏省南京星光蔬菜研究所选育的天骄 2 号;山西省农业科学院蔬菜研究所选育的晋尖椒 3 号;广州市蔬菜科学研究所选育的辣优 4 号;广东省茂名市北运菜新品种开发中心选育的粤丰 1 号;湖南省农业科学院蔬菜研究所选育的湘研 13 号等。以下介绍 3 个品种。

中椒 6 号:中国农业科学院蔬菜花卉研究所育成的中早熟一代杂交品种,2001 年通过全国农作物品种审定委员会审定。植株生长势强,结果大而多,果实为粗牛角形,果色绿,表面光滑。果长 12 厘米,横径 4 厘米,肉厚 0.4 厘米,单果重45~62 克,味微辣,外形美观,风味好。抗病毒病,中抗疫病。适合在河北、山东、河南、广西、云南、四川、广东、湖北、陕西、辽宁、内蒙古等省、自治区种植。京津地区 1 月上中旬播种,4月底定植在露地,每公顷定植 68 000 株左右。

郑椒 11 号:郑州市蔬菜研究所选育的中早熟一代杂交种。株高 70 厘米,株幅 65 厘米,开花节位 10~11 节。植株生长势强,连续坐果能力强,果实黄绿色,呈粗羊角形。纵径18~25 厘米,横径 3.5 厘米,肉厚 0.3 厘米,单果重 50~70克。味辣,品质佳,抗病性强,每 667 平方米产量为 4 000~5 000千克。适合日光温室、大棚、中小拱棚春季保护地栽培及春露地栽培。

康大 401:郑州市蔬菜研究所育成的超大果、高产、抗病的中早熟一代杂交新品种。植株生长势较强,果实为粗长牛角形,膨大速度快。一般纵径为 20~26 厘米,横径 4~5 厘米,单果重 150 克左右,最大单果重可达 260 克以上,果色翠绿。与康大 301 相比,其特点为平均单果重更大,综合抗病性明显提高,适应性更加广泛。适合全国各地春秋大、中、小棚栽培,也适合春季露地及日光温室栽培。

3. 中熟品种 此类品种有中国农业科学院蔬菜花卉研究所选育的中椒 13 号;湖南省农业科学院蔬菜研究所选育的兴蔬 16 号;郑州市蔬菜研究所选育的郑椒先锋;广州市蔬菜研究所选育的辣优 9 号、尖椒 5 号;广东省茂名市北运菜新品种开发中心选育的粤丰 2 号;江苏省南京星光蔬菜研究所选育的宁椒 5 号、宁椒 7 号和天骄 802 等。以下介绍 3 个品种。

中椒 13 号:中国农业科学院蔬菜花卉研究所育成的中熟微辣型一代杂种。植株生长势强,初花着生节位 12 节左右。连续坐果性强,果实羊角形,纵径 16 厘米,横径 2.45 厘米,肉厚 0.21 厘米,2～3 心室,果面光滑,无皱,腔小,果色绿,单果重 32 克,味辣。每 667 平方米产 2 500～5 000 千克左右。适于各地作露地栽培,也适于南菜北运基地种植。北方地区 2 月下旬在温室育苗,苗龄 85 天左右,4 月下旬定植,定植到始收约 45 天。定植时畦宽 100 厘米,每畦栽 2 行,穴距 27 厘米,每 667 平方米 4 000 穴。

兴蔬 16 号:湖南省农业科学院蔬菜研究所选育的一代中熟品种。果实长牛角形,呈绿色,纵径 18～20 厘米,横径 3.2 厘米左右,单果重 50 克左右,辣味适中,果面光亮、顺直,耐贮运。本品种挂果密,丰产性强,宜选择土层较深、排灌方便的地块作中熟丰产栽培。参考株行距 0.4 米×0.6 米。

郑椒先锋:郑州市蔬菜研究所育成的中熟一代杂交品种。该品种连续坐果能力强,果实膨大速度快,单株坐果 30～40 个。果实长羊角形,青果亮绿,老熟果紫红色软化慢,果形直,果面光滑,辣味适中。果肉较厚,耐贮运。株高72厘米,株幅45厘米。果实纵径20～28厘米,横径2.5～3.5厘米,该品种具有抗病毒病、耐疫病、耐热等特点。每667平方米产量3 500～5 000千克。适合长江以北地区以下方式栽培:①春季大、中、小棚及露地栽培;②与西(甜)瓜、小麦、大蒜套种;③接小麦、油菜、大蒜茬。

4. 中晚熟、晚熟品种　此类品种有郑州市蔬菜研究所选育的郑椒2号、郑椒16号和长辣2号;湖南省农业科学院蔬菜研究所选育的兴蔬26号;湖南亚华种业科学院选育的湘椒37号;广州市蔬菜科学研究所选育的辣优12号;河南省农业科学院园艺研究所选育的豫椒968;广东省农业科学院蔬菜研究所选育的粤椒10号等。以下介绍3个品种。

郑椒16号:郑州市蔬菜研究所育成的中晚熟一代杂交新品种。果实长牛角形,纵径18～21厘米,横径3.5厘米,肉厚0.38厘米,单果重50～70克。果色深绿,空腔小,果肉质地较硬,果形直,果面光滑,辣味中等,商品性极佳。耐贮运、耐热、耐湿,高抗病毒病、炭疽病、疮痂病。植株生长势强,结果多而密,丰产性佳,每667平方米产量可达5 000千克以上。适合国内春季露地与瓜套、麦套、麦茬栽培。

辣优12号辣椒:广州市蔬菜科学研究所最新育成的耐高温越夏、秋延后栽培中晚熟新品种。果实粗牛角形,果形直且硬,果面光滑呈绿色和红色,纵径18厘米,横径3.5厘米,果肉极厚,耐高温、耐热、极耐运输,单果重55克。特别适合耐高温越夏、秋延后栽培。

湘椒37号:湖南亚华种业科学院育成的一代中晚熟杂种品种。该品种生长势强,连续坐果能力较强,株高78厘米,开展度85厘米,第一花节位为13～15节。果实长牛角形,纵径

16～18 厘米,横径 3.2 厘米,肉厚 0.4 厘米,单果重 45 克,果皮光亮无皱,绿色、红色或鲜红色,空腔小,不易变软。中后期产量高。每 667 平方米产量 2 400 千克,在高水肥条件下每 667 平方米产 4 000 千克以上。耐热、耐湿、耐疫病、耐疮痂病。适宜长江流域或河南、安徽等地麦茬夏秋中晚熟丰产栽培。

(二)甜椒品种

1. 早熟品种　此类品种有中国农业科学院蔬菜花卉研究所选育的中椒 3 号、中椒 7 号;北京蔬菜研究中心选育的甜杂 6 号;北京市海淀区植物组织培养技术实验室选育的海花 3 号、海丰 25 号;河南省农业科学院园艺研究所选育的豫椒 14 号;广州市蔬菜科学研究所选育的辣优 10 号;河北省农业科学院经济作物研究所选育的冀研 5 号等。以下介绍 3 个品种。

中椒 7 号:中国农业科学院蔬菜花卉研究所育成的优良早熟甜椒一代杂种。1998 年通过全国农作物品种审定委员会审定。2001 年通过全国农作物品种审定委员会审定。植株生长势强,结果率高。果实灯笼形,呈绿色,果形好且大,果肉厚 0.4 厘米,单果重 100～120 克。味甜质脆,耐病毒病,中抗疫病,耐贮运。每 667 平方米产量为 4 000 千克左右。适宜在北京、天津、河北、山东、山西、辽宁等地区保护地或露地进行早熟栽培,京津地区保护地栽培一般 12 月下旬至 1 月上旬播种,3 月初至 3 月下旬定植。每公顷定植 68 000 株左右。

豫椒 14 号:河南省农业科学院园艺研究所选育的一代杂交代早熟甜椒品种。株型中等,分枝坐果强。开展度 50 厘米,果实膨大速度快,果实绿色、灯笼形,单果重 100 克以上。

耐低温,抗病毒病和青枯病,适宜塑料大棚保护地及早春露地栽培。每 667 平方米产量 4 000～5 000 千克。

辣优 10 号:广州市蔬菜科学研究所育成的杂交一代早熟甜椒品种。纵径 12 厘米,横径 10 厘米,肉厚 0.8～1 厘米,果实灯笼形,深绿色,汁多味甜,单果重 200～300 克,抗病性强。播种至初收春植 100 天,秋植 80 天。每 667 平方米产量可达 4 000～5 000 千克。

2. 中早熟品种　此类品种有中国农业科学院蔬菜花卉研究所选育的中椒 5 号、中椒 11 号;江苏省农业科学院蔬菜花卉研究所选育的江蔬 5 号;北京市蔬菜研究中心选育的京甜 5 号;北京市海淀区植物组织培养技术实验室选育的海丰 2 号;辽宁省农业科学院园艺研究所选育的辽椒 3 号;河北省农业科学院经济作物研究所选育的冀研 6 号;江苏省农业科学院蔬菜花卉研究所选育的翠玉甜椒等。以下介绍 3 个品种。

中椒 5 号:中国农业科学院蔬菜花卉研究所育成的中早熟一代杂种。2001 年通过全国农作物品种审定委员会审定。该品种连续结果性强,果实灯笼形,果面光滑呈绿色,单果重 80～100 克,味甜。对病毒病抗性强。每 667 平方米产量为 4 000～5 000 千克,用种量 100 克左右。适合广东、广西、云南、北京、河北、山东、江苏、浙江等地区种植,是目前华南地区南菜北运菜种植基地主要栽种的甜椒品种,可作春季塑料大棚种植及露地栽培。

京甜 5 号:北京市蔬菜研究中心育成的中早熟甜椒一代杂交种,生长势强健,初花着生节位 10～11 片叶。果实灯笼形,果形方正,4 心室为主,果实翠绿色,果表光滑,耐贮运。果实纵径 10 厘米左右,横径 9 厘米左右,果大肉厚,单果重

170～250克,耐低温、弱光性强,持续坐果率极强,整个生长季果形保持较好,抗病毒病和青枯病。适于北方保护地、露地和南菜北运地种植,每667平方米产量为3 000～4 500千克。

翠玉甜椒:江苏省农业科学院蔬菜花卉研究所选育的一代中早熟甜椒杂交种,初花着生节位12～13节。植株生长势强,株高60～70厘米,开展度50～60厘米,叶色绿,叶片较厚、较大,花大、白色、单生。果实灯笼形,纵径7.5～9.5厘米,横径6.0～7.0厘米,果肉厚3.6～4.1毫米,单果重75～100克。该品种抗逆性较强,并且耐病毒病、炭疽病和疫病。每667平方米单产一般可达2 000千克。适宜在长江中、下游及相似生态区种植。

3. 中熟品种 此类品种有河南中牟农校选育的牟农1号;北京市蔬菜研究中心选育的甜杂6号;河北省农业科学院经济作物研究所选育的冀研8号、冀研10号、冀研11号等。以下介绍2个品种。

牟农1号:河南省中牟农校从茄门甜椒的自然杂交后代中选育成的常规中熟品种。1991年通过河南省农作物品种审定委员会认定。植株高57～75厘米,开展度50～65厘米,初果着生于主茎11～14节。果实灯笼形,呈深绿色,果肉厚0.4～0.5厘米,心室3～4个。味甜,食用口感好,单果重100～150克,最大果重250克。全生育期140～150天。该品种耐病毒病,抗疫病和炭疽病,耐热性强。适宜在春季保护地和露地栽培,每667平方米产量3 000～5 000千克。适于河南省各地及河北、内蒙古等省、自治区栽培。

冀研11号:河北省农业科学院经济作物研究所选育的中熟甜椒杂交种。植株长势强,株型较紧凑。果实灯笼形,呈绿色,个大、肉厚,味甜质脆,平均单果重130克,最大单果重

300克。该品种抗病毒病,较抗炭疽病和疫病,丰产性好,每667平方米产量在4 000千克左右。主要用于保护地栽培,也可用于露地地膜覆盖栽培。

4. 中晚熟品种　此类品种有中国农业科学院蔬菜花卉研究所选育的中椒4号、中椒8号;河北省农业科学院经济作物研究所选育的冀研4号;北京蔬菜研究中心选育的甜杂4号等。以下介绍3个品种。

冀研4号:河北省农业科学院经济作物研究所选育的中晚熟甜椒杂交种。植株生长势强,叶片较大,呈深绿色,株型较紧凑。平均株高68厘米,开展度48厘米,13节左右着生初花。果实方灯笼形,深绿色,果大肉厚,味甜质脆,耐贮运。一般单果重120克,最大单果重达250克。该品种抗病毒病和日灼病,较抗炭疽病和疫病,丰产性好,每667平方米产量4 000千克,最高达5 100千克。主要用于露地地膜覆盖栽培,也可用于棚室栽培,喜欢果大肉厚地区均可种植。

中椒8号:中国农业科学院蔬菜花卉研究所育成的中晚熟甜椒一代杂种。1998年通过山西省农作物品种审定委员会审定。果实长灯笼形,个体较大,深绿色,果面光滑,单果重100～150克,3～4心室,果肉厚0.54厘米,味甜质脆,耐贮运,对病毒病抗性强,耐疫病。每667平方米产量为4 000～5 000千克,用种量100克左右。适于我国北方露地越夏、延秋栽培,也可在广东、海南、福建等地冬季栽培。华北地区可于1月下旬或2月初播种,4月下旬或5月初晚霜过后定植,每公顷定植60 000～67 000株。

湘椒10号:湖南省农业科学院蔬菜研究所选育的中晚熟甜椒一代杂种。株高70厘米左右,开展度66厘米左右,第13～15节着生初花。果实灯笼形,纵径约10厘米,横径约4.

5厘米,果肉厚0.34厘米左右,有2～3心室。果扁平,果顶圆凸,果面光亮,平均单果重50克左右。从定植到采收约50天,早期果实从开花到采收约30天。较抗疮痂病、炭疽病,较耐热、耐旱,适宜于灯笼形甜椒发病严重的地区作中晚熟栽培,一般每667平方米产3 000～3 500千克,适于湖南省各地种植。

(三)制干品种

此类品种有陕西省农业科学院蔬菜研究所等单位选育的8819线椒;西北农林大学选育的西农20号;辽宁省农业科学院园艺研究所选育的辽椒2号;河南省农业科学院园艺研究所育成的豫杂三樱椒;山东省农业科学院蔬菜研究所选育的优选益都红;河南省柘城县选育的柘椒1号、柘椒2号、柘椒3号、柘椒4号;河南省内乡县三樱椒研究所选育的内椒1号;郑州市蔬菜研究所选育的郑研三樱椒等。

地方品种有:河南省永城羊角椒和永城线椒;山东省青州益都红;河北省望都辣椒和鸡泽辣椒;四川省二金条;湖南省邵阳朝天椒;北京市一窝猴小辣椒;湖南省醴陵朱红椒;贵州省遵义子弹头等。

国外引进品种:日本引进的栃木三樱椒;韩国引进的天宇3号、韩星1号、韩星2号,美国引进的绿宝天仙等。以下介绍3个品种。

8819线椒:由陕西省农业科学院蔬菜研究所、岐山县农业技术推广中心、宝鸡市经济作物研究所和省种子管理站共同育成。1991年通过陕西省农作物品种审定委员会审定。株高约75厘米,株型矮小紧凑,生长势强,二杈状分枝,基生侧枝3～5个。果实簇生,长指形,深红色,有光泽,纵径15厘米左右,单果鲜重7.4克,适宜制干椒,成品率85%左右。干椒色泽红亮,果面皱纹细密,辣味适中。中早熟品种,生育期180天左右。抗病性强,对衰老、腐烂有较强的抗性。具有良好的丰产性、稳产性和多种加工的特性,一般每667平方米产干椒300千克以上,适于陕西省辣椒主产区种植。

优选益都红:山东省农业科学院蔬菜研究所从传统益都红羊角椒品种中经多年提纯复壮、选育而成的优良益都红干椒品种。植株较直立,生长势强,成株高60~70厘米,开展度75厘米左右。初果着生在主茎第12节~14节上。果顶向下,果实羊角形,略弯,果实表面有棱,青果期果皮黄绿色,老熟后呈紫红色。果实纵径约10厘米,横径2.6厘米,果皮厚0.2厘米,平均单果重3克。干椒油分多,辣味浓,色素含量高,品质好,抗病性强。平均每667平方米产干椒250~300千克。

郑研三樱椒:郑州市蔬菜研究所从日本枥木三樱椒自然杂交变异株群中定向选育成功的专供干制的小辣椒新品种。该品种株高60厘米左右,单株分枝13个左右,开展度为50~60厘米,属有限生长类型。椒果簇生向上,坐果集中且坐果能力强。抗病、抗旱、耐热。老熟果深红油亮。每667平方米产干椒300~350千克,最高可达450千克以上。

(四)彩 色 椒

灯笼形彩色甜椒品种有红、黄、橙、绿、白、紫、巧克力等色。

红色品种有北京市蔬菜研究中心选的京彩红星1号、京彩红星2号;北京市农业技术推广站选育的红水晶;美国引进的大西洋、红凯撒;荷兰引进的圣方舟、安达莱;以色列引进的麦卡比等。

黄色品种有北京市蔬菜研究中心选育的京彩黄星 1 号、京彩黄星 2 号;北京市农业技术推广站选育的黄玛瑙;由美国引进的黄力士、金凯蒂;由荷兰引进的黄欧宝、金彩椒;由以色列引进的考曼奇、札哈维;由法国引进的安琪等。

紫色品种有北京市蔬菜研究中心选育的京彩紫星 1 号、京彩紫星 2 号;北京市农业技术推广站选育的紫晶;由美国引进的紫美人;由荷兰引进的紫贵人等。

白色品种有北京市蔬菜研究中心选育的京彩白星 1 号、京彩白星 2 号;北京市农业技术推广站选育的白玉;荷兰引进的白公主;美国引进的白彩椒等。

橙色品种有北京市蔬菜研究中心选育的京彩橙星 1 号、京彩橙星 2 号;北京市农业技术推广站选育的橙水晶;荷兰引进的桔西亚等。

绿色品种有北京市农业技术推广站选育的绿水晶;荷兰引进的银卓、萨菲罗等。

巧克力色品种有北京市蔬菜研究中心选育的京彩巧克力甜椒;美国引进的褐彩椒等。

羊角形或牛角形彩色椒品种有北京市蔬菜研究中心选育的京彩紫龙、京彩玉妃、京彩黄妃和京彩红妃;郑州市蔬菜研究所选育的郑研白牛角椒等。

以下介绍北京市蔬菜研究中心选育的彩色辣、甜椒品种。

1. 京彩红星 1 号 为中早熟甜椒 F1 杂交种。果实方灯笼形,嫩果淡绿色,成熟果为鲜红色,单果重 150 克以上,肉厚 0.5 厘米,味甜,可生食,转色快,含糖量高。坐果率高,较抗病毒病,每 667 平方米产 3 000 千克以上。适于保护地栽培。

2. 京彩橙星 1 号 为中早熟甜椒 F1 杂交种,生长势强。

果实方灯笼形,3～4个心室,嫩果绿色,成熟果橙色,果肉厚0.6厘米,单果重150～250克,含糖量高,品质佳。坐果多,较耐低温,抗病毒病能力强,每667平方米产3 000千克以上。适于保护地栽培。

3. 京彩白星2号 为中熟甜椒 F1 杂交种。植株生长健壮,初花着生节位10～11片叶,果实中长方灯笼形,4心室为主,商品果为白色,果面光滑,耐贮运。纵径10厘米,横径9厘米,单果重150～200克,连续坐果能力强,整个生长期果形保持较好。该品种抗烟草花叶病毒和青枯病,耐疫病。适于北方保护地和南菜北运基地种植。

4. 京彩黄星2号 为中熟甜椒 F1 杂交种。植株生长健壮,初花着生节位10～11片叶,果实方灯笼形,4心室为主,果实成熟时由绿转黄色,果面光滑,含糖量高,耐贮运。纵径10厘米,横径9厘米,单果重160～220克,连续坐果能力强,整个生长季果形保持较好。该品种较耐低温、弱光,抗烟草花叶病毒和青枯病,耐疫病。适于北方保护地和南菜北运基地种植。

5. 京彩紫星2号 为中熟甜椒 F1 杂交种。植株生长势旺盛,初花着生节位10～11片叶。果实中长方灯笼形,商品果为紫色,果面光滑,耐贮运。纵径10厘米,横径8.5厘米,单果重150～200克,连续坐果能力强,整个生长期果形保持较好。该品种抗烟草花叶病毒病和青枯病,耐疫病。每667平方米产4 000千克以上。适于北方保护地和南菜北运基地种植。

6. 京彩巧克力甜椒 为中熟甜椒 F1 杂交种。植株生长势旺盛,初花着生节位10～11片叶。果实方灯笼形,4心室为主,果实成熟时由绿色转成巧克力色,果面光滑,含糖量高,耐贮运。纵径 10 厘米,横径 9 厘米,单果重 150~200 克,连续坐果能力强,整个生长期果形保持较好。该品种抗烟草花叶病毒病和青枯病,耐疫病。每 667 平方米产 3 000 千克以上。适于北方保护地和南菜北运基地种植。

7. 京彩紫龙　为中熟 F1 杂交种。生长势较强,果实牛角形,商品果紫色,味微辣,果面光滑。纵径 16 厘米,横径3.8厘米,单果重 60 克,较抗病毒病。适于保护地种植。

8. 京彩玉妃　为中熟 F1 杂交种。植株生长势强,果实粗长羊角形,味甜质脆,商品果为乳白色,纵径 20 厘米,横径 3.2 厘米,单果重 70 克,坐果率高,较抗病毒病。适于北方保护地种植。

9. 京彩黄妃　为中熟 F1 杂交种。植株生长势强,果实锥牛角形,果实成熟时由绿色转成金黄色,果面光滑,味甜,耐贮运,纵径 16 厘米,横径 4.8 厘米,单果重 80~130 克,品质佳,含糖量高,较抗病毒病。适于保护地种植。

10. 京彩红妃　为中熟 F1 杂交种。生长势较强,果实牛角形,成熟时由淡绿色转成鲜红色,果面光滑,味甜,辣椒红素含量高。果实纵径 18 厘米,横径 3.8 厘米,单果重 80 克左右,较抗病毒病,耐低温性强。适于保护地种植。

五、播种量的计算

根据选种原则确定要选用的辣椒品种后,根据田间生产的需要,确定播种量。

种子播种量的计算方法很多,较简单的方法是考虑每 667 平方米地种植株数(密度)、种子千粒重、种子发芽率等因素。另外,为了给定植时进行挑苗、拣苗留有一定的富裕苗数防止某些意外情况的发生,计算播种量时还要考虑一定比例的安全系数(一般为20%左右,即增加20%的幼苗)。播种量的计算公式为:

种子用量=〔(每667平方米株数×种子千粒重)÷(1000×种子发芽率)〕×(1+安全系数)(克/667平方米)

例:如种植密度每667平方米为4 400株,种子千粒重为6克(辣椒种子千粒重一般为6～7克),假设种子发芽率85%,则

种子用量=〔(4400×6)÷(1000×85%)〕×(1+20%)=37.3(克/667平方米)

即每667平方米地需辣椒种子37.3克。目前生产上考虑到种子饱满度、苗期生长优劣、天气和病虫害等不利因素,常常将每667平方米地种子用量加大到50～75克,大棚栽培时甚至每667平方米用苗需播种100～200克。一般来说,如果在良好的可以控制的条件下育苗,那么辣椒每667平方米用种量50克即已足够。

第三章　辣椒的育苗技术

育苗是蔬菜生产的重要环节,有"苗好三成收"的说法。所谓壮苗,是指苗的综合素质而言,引申一步是指苗对逆境的适应性、忍耐性,对病虫害的耐性和抗性等。培育壮苗是辣椒栽培获得高产的基础。

辣椒适龄壮苗的标准为:苗高18～22厘米;茎秆粗壮、墩实;单株9～13片展开叶,叶片大而肥厚,叶色深绿有光泽;根系发达呈乳白色,无病虫害;植株普遍进入现蕾期。

一、育苗的误区

在生产实践中往往出现门椒不坐果或坐果很小,很快变红而无籽;有的育出的苗细弱不抗病虫害,给以后管理带来不必要的药费开支;有的苗期猝倒病、立枯病、疫病等病情严重,大量死苗;有的定植后长时间不缓苗,缓苗后生长缓慢,抗病性差,未老先衰等,这一切都是育苗不当造成的。

为提高和改进辣椒育苗技术,必须针对目前辣椒育苗中存在的问题,采取相应的措施,才能培育出壮苗,为辣椒高产、优质打下良好的基础。目前辣椒育苗中存在的误区有以下几点。

第一,床土配制不合理,不科学。床土随意配制,造成营养元素比例不合理,床土理化性质差。浇水后形成板结,影响土壤气体交换;不浇水时床土干硬,影响根系发育;床土中病原菌、虫卵很多,使苗期病虫害严重,甚至将病虫害带到田间,造成恶性循环。

第二，不注意气温的调节。由于冬季育苗期长，如不注意调节气温，很容易造成育苗场所内温度失控，导致气温过高或过低，使秧苗徒长或僵化，抑制正常生长。甚至因短时期温度过高或过低，从而影响辣椒的花芽分化，造成开花结果畸形，使产量和产品的商品性降低，降低经济效益。

第三，重气温轻地温。冬季育苗成败的关键因素之一是温度尤其是地温，通过试验观察已经证明，在耗能相同的情况下，加热地温的效果远比加热气温的效果要好得多。因为地温直接影响着苗根系的生长和吸收。试验表明，当地温处于12℃以下时，喜温果菜类苗的生长和吸收基本处于停滞状态，长时间处于10℃以下就会遭冻害使根系泛黄死亡，新根无法产生。在加温方式上应根据苗生长的特性要求选择合适的方式。

第四，育苗时间长，能源消耗多，增加了育苗成本。由于育苗设施环境条件控制能力差，使秧苗生长速度缓慢，如播种后床温过低，长期不出苗或出苗不齐；移苗后土温过低，长期不缓苗，新根长不出来，影响了地上部茎叶的生长；苗过小，达不到定植的要求，延长了育苗期，使育苗费用增加。

第五，不及时分苗。辣椒在长有3～4片真叶、茎粗0.15～0.2厘米时开始花芽分化（三樱椒除外），即已经怀胎。为避免分苗影响花芽分化，分苗应在2叶1心到3叶1心之间进行。许多农民不懂这个道理，4片叶甚至5、6片叶才分苗，此时动根好比是大病一场，即使勉强结果也长不大，落落花严重，门椒、对椒无果，会造成辣椒旺长，抗病力减退，尤其早春价格最好的门椒、对椒没有了，自然效益大大减少。所以，3叶1心前分苗是辣椒高效栽培的重要措施之一。

第六，重量不重质，只要有苗就算成功。由于育苗技术靠经验，缺乏科学依据，应变能力差，风险大，技术失误多；不善于根据外界气候条件的变化调整管理；不能适应育苗设施的改进而改变旧的传统观念。育出的秧苗质量差、成本高，壮苗比例小，每年只能多育苗，甚至育几次苗才能成功，不但误了农时，也增加了成本。

为了充分发挥育苗的优越性，针对当前蔬菜育苗中存在的主要问题，提出以下改进的措施。

第一，必须根据生产的要求、秧苗的用途、育苗条件、壮苗标准和定植环境，制定好周密的育苗计划。确定适宜的播种期，及早准备好育苗设施，根据需苗数量确定播种床和分苗床的面积；根据种子千粒重、纯度、发芽率确定播种量；根据辣椒对土壤的要求，配好营养土；播种前对苗床土做好消毒工作，并对育苗所需器皿、育苗设施进行消毒。只有在正确计划指导下，及早准备好育苗设施，合理利用保护地育苗设施，使育苗设施与育苗技术相配套，才能取得节约能源、降低育苗成本的满意效果。在育苗环境上，要根据蔬菜种类对环境条件的要求，创造最佳的温度、光照、水分和营养等环境条件，以便缩短育苗期，用最短的时间，培育大秧龄的健壮秧苗。冬、春季要以提高地温为中心，提高床土质量为基础，协调温度、光照和水分。夏季主要是遮阳、挡雨保护。

第二，冬、春季育苗，当气温和地温都不能满足幼苗生长条件时，在相等耗能情况下，应该加热地温保护根系，在根系不受低温危害的情况下，地上部茎叶的抗寒性会大大增强，符合"壮苗先壮根，壮根是根本"的原理。实践证明：通过加热气温来提高地温远没有直接加热地温升温快、效果好、耗能少。因为地温的提升比气温来的慢。因此，冬季提倡在苗床下设火道、地热线直接加温。通过不同形式的加温使夜间的土温始终不低于12℃,每天在15℃以上能保持20个小时,并且使夜间的地温始终高于气温,可以有效地控制徒长。

当苗床温度处于苗生长要求的下限温度时要给予必要的加温。加温方式可采用电炉、地热线、灯泡、火道、热风炉等进行局部加温。为了减少能源消耗,一是要减少苗床的散热和冷风侵入。二是床土深翻。深度在30~50厘米利用深层地热。改变地热线的铺设方式,由习惯的铺在畦面上再排放营养钵,改变为提升到离畦面5厘米处,把地热线夹在两营养钵间挤紧减少热量的损耗。另外,苗床浇水不能直接用冰冷的河水、塘水,可用深井水。

第三,分苗可以扩大秧苗的营养面积,改善秧苗的通风透光条件。注意2叶1心时必须分苗(倒栽),且不可晚。否则门椒、对椒坐不住果,影响效益。

第四,采取综合措施,预防苗期病虫害的发生。从种子消毒入手,注意床土的配制和消毒,科学调节苗床环境条件。提高秧苗的抗病能力,防止苗期病害的发生和蔓延,造成死苗或把病原菌带到田间。

第五,在秧苗管理中,要以缩短育苗期和培育适龄壮苗为目标。在育苗期间,除定植前进行秧苗锻炼外,尽量减少其他时间对秧苗生长的控制,促使秧苗快速正常生长。

在大规模的生产基地,建立育苗中心,使育苗技术规范化、秧苗标准化、良种化,解决千家万户分散育苗的困难,是培育辣椒壮苗的良好途径。

为保证育苗成功,建议应使用存放1~2年的种子。试验表明,新种子发芽率在89%以上,存放2年后发芽率在79.8%左右,存放3年会降至47%。识别新旧种子的方法:

新种子表皮有光泽,呈浅黄色,牙咬柔软不易断,辣味大。陈种子表皮无光泽呈黄褐色,牙咬硬而脆,易断,辣味小。

二、育苗中经常出现的问题

幼苗质量好坏直接关系到产量的高低,因此,对辣椒育苗期常出现的一些问题有必要分析其原因,采取相应的技术或措施加以管理。

(一)出苗不齐

1. 同一苗床同一部位出苗不一致

原因:种子质量差,如成熟度不一致;新陈种子混合催芽时淘洗、翻动不均匀;温湿度掌握不当;种子消毒不彻底而受病菌侵害,都会使发芽不齐。

对策:播前进行发芽试验,选择发芽势强、发芽率高的种子;种子一定要消毒,不能用带病菌的种子直接播种;浸种催芽过程中勤翻动,严格把握温湿度,切忌烫熟种子。

2. 同一苗床不同部位出苗不一致

原因:苗床不平,底水浇得不均匀,湿处先出苗,干处不出苗;受光不均,温度不同,苗床向阳处比背阴处温度高,出苗快;地热线布线不合理,线密处温度高,出苗快;播种后覆土厚薄不一致,厚处生长速度慢,出苗晚;苗床保温条件差,有的地方盖不严,漏风而温度低,影响出苗;棚膜破损,经常漏雨,局部床土过湿,造成低温高湿,不利于出苗;床土不够腐熟,带有病菌,或有蝼蛄、蛴螬、老鼠等为害,也会出苗不齐。

对策:选择地势较高、排水良好、背风朝阳的地块,精耕细作,保持清洁;严格选择并配制好营养土,床土要肥沃疏松;对种子和土壤进行消毒处理,利用药土保苗,减少病、虫、鼠害;平整苗床,浇足底水;播种均匀,覆土一致;播种后加强管理,使苗床各部位温度、湿度、透气性一致。

(二)"戴帽"现象

辣椒育苗时,常发生幼苗出土后种皮不脱落、子叶无法伸展的现象,俗称"戴帽"或"顶壳"。

原因:覆土太薄,种皮受压太轻或覆土后未用薄膜、草苫覆盖,底墒不足,覆土容易被晒干,而使种皮干燥发硬;幼苗顶鼻后,过早去掉薄膜或草苫,或在晴天中午去掉,也使种皮难以脱落。另外,种子质量差,不成熟的或陈种子,或受病虫害侵染的种子,也会发生"戴帽"现象。

对策:苗床浇透底水,覆土均匀,厚度适当,及时用薄膜或草苫覆盖,保持土壤湿润,使种皮柔软易脱落;若表土过干,可以适当喷洒清水,或薄撒一层较湿润的过筛细土,使土表湿润度和压力增加,帮助子叶脱壳;种子平放,使种壳受到土壤阻力,种皮均匀吸水,子叶就容易从种皮中脱落;对少量戴帽秧苗可进行人工挑苗。

(三)沤根和烧根

1. 沤根 沤根(烂根)时,根部发锈,严重时根系表皮腐烂,不长新根,幼苗易枯萎。

原因:床土温度过低,湿度过大。

对策:合理配制床土,改善育苗条件,保持合适的温度,加强通风换气;控制浇水量,调节湿度,特别是连阴天不要浇水。一旦发生沤根,及时通风排湿,增加蒸发量;勤中耕松土,增加通透性;苗床撒草木灰加3%熟石灰或1∶500倍的百菌清干细土,也可喷施高效叶面肥等。

2. 烧根 烧根时,根尖发黄,不长新根,但不烂根,地上部分生长缓慢,矮小脆硬,不发棵,叶片小而皱,易形成小老苗。

原因:有机肥未充分腐熟,或与床土未充分过筛拌匀;局部施肥过多,土壤溶液浓度过大;土壤干燥,土温过高。

对策:选用充分腐熟的有机肥均匀配制床土,不施用过多化肥,一定要控制施肥浓度,严格按规定使用;浇水要适宜,保持土壤湿润,出现烧根的,适当多浇水,降低土壤溶液浓度,并视苗情增加浇水次数;降低土壤温度。

(四)徒长苗和老化苗

1. 徒长苗 也叫高脚苗,茎细,节间长,叶片稀少,叶薄而大,叶色淡绿;组织柔嫩,根系不发达,抗病力及抗逆性差,光合水平低,定植后缓苗慢,成活率低。

原因:光照不足,夜温过高,氮肥和水分过多;播种密度过大,秧苗相互拥挤而徒长;苗出齐前后,温度管理不善,苗床温度过高。

对策:苗床选择在背风向阳的地方,保持薄膜洁净,提高透光率,增强光照,尽量少用遮阳网;及时通风,适当降低夜温,使夜温保持在15℃～18℃,严格控制湿度;稀播,及时间苗、移苗,防止秧苗拥挤;氮、磷、钾肥配合使用,运用生长抑制剂控制徒长,如喷施2 000～4 000毫克/千克的比久。

2. 老化苗 生长缓慢或停滞,根系老化生锈,茎矮化,节间短,叶片小而厚,叶色深暗无光泽,组织脆硬无弹性,定植后发棵慢、生长势弱、产量低。如黄瓜的"花打顶"现象,就是"老化苗"或"小老苗"的典型症状。

原因:床土过干,床温过低,苗龄过长,营养不足,水分控制过严,炼苗过度。用育苗钵育苗时因与地下水隔断,浇水不及时而造成土壤严重缺水,也会加速秧苗老化。

对策:苗龄适宜,推广以温度为支点、控温不控水的育苗技术;蹲苗要适度,低温炼苗时间不能过长;水分供应适宜,浇水后及时通风降湿。发现老化苗,除注意温湿度正常管理外,可以喷洒10～30毫克/千克的赤霉素,或喷施叶面宝等。

(五)"闪苗"和"闷苗"

秧苗不能迅速适应温、湿度的剧烈变化,而导致猛烈失水,造成叶缘干枯,叶色变白,甚至叶片干裂。通风过猛、降湿过快的称为"闪苗";升温过快、通风不及时所造成的凋萎,称为"闷苗"。

原因:前者是猛然通风,苗床内外空气交换剧烈,引起床内湿度骤然下降;后者是低温高湿、弱光下营养消耗过多,抗逆性差;久阴雨骤晴,升温过快,通风不及时而造成。

对策:通风应从背风面开口,通风口由小到大,时间由短到长;阴雨天气尤其是连阴天应隔苫揭苫,边揭边盖。用磷酸二氢钾等对叶面和根系追肥。

(六)倒 苗

最常见的"倒苗"是由猝倒病和立枯病引起的,因根茎处缢缩而倒伏,病部出现白色或淡褐色霉状物。

原因:苗床过湿,播种过密,间苗不及时,有利于多数病原菌的发生和蔓延;营养土未消毒或消毒不彻底,施用未腐熟的有机肥;连续阴雨,光照不足,长时间低温、通风不良等条件均可造成。

对策：对床土、种子消毒处理，选用腐熟有机肥，减少接触病原菌的机会；播种不能过密，播后用药土覆盖，及时间苗；疏松床土，控制浇水，经常在苗床上撒干草木灰或细土来降湿；结合药剂防治，先带土清除病苗，再用 800～1 000 倍的 75% 百菌清、50% 多菌灵或 65% 代森锰锌喷施，7～10 天 1 次，连喷 2～3 次。

（七）药　害

苗期是农药的敏感生育期，耐药性较差，很容易发生药害而出现斑点、焦黄、枯萎甚至死亡。

原因：错用农药；浓度过高或浓度正确但重复使用；施药时气温高、湿度大、光照强；不恰当混用药剂等。

对策：正确选用农药品种，不乱混、乱用，随配随用，浓度和次数适当；用药时，要看天、看地、看苗情，避过不利天气、不良墒情、不壮苗情；施药质量要高，喷洒要均匀、适度；出现药害后，加强肥水管理，及时缓解。

（八）气（烟）害

育苗中叶片出现水渍状斑，叶内组织白化、多褐斑并最终枯死的现象，是肥料中的毒气，如氨气、亚硝酸气体；燃料中的毒气，如二氧化硫、一氧化碳；塑料膜中的毒气，如乙烯、氯气等造成的气（烟）害。

原因：施肥不当；加温时燃煤中的烟气漏出；塑料膜使用中放出乙烯等毒气。

对策：合理施肥，避免一次施用过量的速效氮肥；育苗前进行温棚消毒；加温时使用优质煤并防止烟道漏烟；选用优质农膜，及时通风换气或更换农膜；经常检查，如用精密 pH 试纸检测,及时采取防护措施。

三、育苗的方式

辣椒育苗可分为有土育苗和无土育苗两种。

作为克服连作障碍的一项有效措施,嫁接育苗技术近几年在山东寿光等地区已开始推广应用,并取得了显著的防病和增产效果。本章也将予以介绍。

为保证种子具有较高的发芽率,应采取一定的措施进行育苗。一般应在较好的保护设施内,利用育苗容器(穴盘、营养钵),采用营养土或无土基质育苗,创造一个良好的环境促进其发芽,并培育出健壮幼苗。

四、育苗的设施

辣椒栽培的时期不同,育苗的设施也不同。辣椒育苗的设施主要有温室(日光温室和加温温室)、塑料棚、改良阳畦、荫棚等。辣椒栽培除南方个别地区采用露地直播或育苗外,多数地区都采用保护地育苗,然后移栽定植到露地及保护地设施内,以达到提早上市、增加产量的目的。

不同季节、不同保护地栽培方式的辣椒对育苗场所和设施各有不同的要求。大棚春提早栽培和温室早春茬栽培一般在冬季进行育苗,此时外界温度低,不适合辣椒生长,因此,提高育苗场所的气温和地温是关键。根据当地的环境条件选择不同的育苗方式,长江以南地区可在日光温室、塑料棚及改良阳畦内育苗;北方高寒地区则需在有加温设施的温室或塑料棚内育苗。加温可用煤火、燃油等方法,也可以用较为节省的酿热温床或电热温床。华北地区温室、大棚秋延后、越冬栽培的辣椒其育苗时期正值高温多雨季节,为避免雨涝和病毒病危害,育苗场所应选择地势高、排水良好的地块,搭建荫棚。荫棚上覆盖塑料薄膜(底部不要扣严)以防雨,为防高温强光可以在薄膜上面抹黄泥或扣盖遮阳网,形成"花荫"以遮光降温。随幼苗生长,荫棚覆盖物要逐渐撤去,以防幼苗徒长。此外,也可以利用塑料大棚进行夏季育苗。

选择地势较高,地下水位低,排水良好,土质肥沃地做苗床,整地前彻底清除各种作物的残枝落叶,选用无病新土做床土或换用大田土;用旧苗床时床土要用药剂消毒。

五、辣椒种子播种前的处理技术

(一)晒 种

播种前将种子摊晒 1～2 天,对增强种子活力,提高发芽率、发芽势,加速发芽和出苗都具有显著效果,还兼有一定的杀菌消毒作用。用陈种子播种,播前一定要晒种,其效果尤为显著。

(二)种子消毒和浸种

种子消毒主要是为了杀死附着在种子表面的病菌,是防病的重要措施,通常结合浸种进行,可用以下方法进行消毒。

1. 热水浸种消毒法 把种子倒入 50℃～60℃的热水中,速度要慢,边倒边搅拌,水温降至 30℃时停止搅拌,然后再浸种 4～6 小时即可催芽。

2. 药液消毒法 用药液进行浸种消毒前,应先将种子放在清水中浸泡 5～6 小时,然后再用药液浸泡,从药液捞出后用清水反复冲洗干净即可催芽。

(1)**防治病毒病** 用 10％磷酸三钠溶液、2％氢氧化钠溶液或高锰酸钾 200 倍液浸种 20 分钟。

(2)**防治炭疽病、细菌性斑点病** 放入 1％硫酸铜溶液浸泡 5 分钟,也可用福尔马林(40％甲醛)100 倍液浸种 10～15 分钟。

(3)**防治炭疽病、早疫病等** 用 1％次氯酸钠液浸泡 5～10 分钟。

(4)**防治疮痂病、青枯病** 用 200 毫克/升的农用链霉素浸种 30 分钟。

3. 药剂拌种消毒法 用种子重量 0.3％的福美双、克菌丹等农药的可湿性粉剂拌种,可防治猝倒病。即将浸泡 5～6 小时的种子,捞出晾至能散开时,用药剂拌种,使种子表面均匀附着药剂,即可播种。用药剂拌种后的种子,通常采用直播,不进行催芽。

4. 干热法消毒 即将干燥的种子放入烘箱内,在 70℃～73℃的恒温下烘烤 3 天,几乎可杀死附着在种子上的全部病菌,而且不会降低种子发芽率。

(三)催 芽

这是在消毒浸种后,为使种子加快萌发而采取的技术措施。催芽过程主要是满足种子萌发所需要的温度、湿度和通气条件,促使种子中的营养物质迅速分解转运,供给种子幼胚生长需要而快速发芽。催芽适宜温度为 25℃～30℃。常用的催芽方法有以下几种。

1. 体温催芽法 种子量少时可用此办法,浸种后捞出种子甩去表面水分,用纸或纱布包好,外面再包1层塑料薄膜,放在贴身的衬衣口袋中,每天检查1次,种子露白尖时播种。

2. 电热毯催芽法 种子量多时可采取此办法。将电热毯的一半上铺一层塑料薄膜,然后再放1层纸或纱布,将浸过的种子甩去多余的水分,摊在纸或纱布上,厚度1~2厘米,种子上盖1层纸或纱布,再上盖1层塑料薄膜,然后再将电热毯的另一半盖上。将温度表横插在种子处,插上电源,将电热毯的开关定在低温度指标上即能保持催芽所需的温度。催芽时一般不需再洒水或冲洗种子,每天用手翻动1次即可。

3. 电热恒温箱催芽 将浸种消毒过的种子用湿布包好,放入瓦盆内,上面覆盖2~3层湿毛巾,将瓦盆放入电热恒温箱中,把温度控制旋钮调到28℃左右,每天翻动2次。此法适用于育苗量较大、设施条件先进的育苗专业户、商品苗生产中心和育苗工厂等。

4. 瓦盆催芽法 将浸种消毒过的种子用清洁的湿布包好,盆底部垫上稻草等,把湿布包放入瓦盆内,为了保温保湿,最好在湿布包上再盖上棉垫,把盆放在火炕或灶台旁25℃~30℃的地方催芽。

六、有土育苗技术

(一)苗床准备

1. 床土配制 常用的苗床分为播种床和分苗床,配制床土所用的主料是一样的,配制育苗床营养土是培育辣椒壮苗的重要措施之一。以下介绍几种配方供参考。

(1)肥沃园田土60%,腐熟马粪40%。每立方米床土另加过磷酸钙 1 千克,草木灰 5 千克,腐熟过筛的大粪或鸡粪30~50 千克。

(2)草炭土 40%,腐熟马粪 30%,园田土 20%,腐熟大粪干 10%。

(3)腐熟马粪 40%,其他有机肥 20%,园田土 20%,锯末(或细炉灰)20%。

(4)腐熟马粪 60%,腐熟大粪干 10%,园田土 30%。

(5)腐熟马粪 50%,腐熟大粪干 20%,园田土 15%,炉灰15%。

(6)园田土 60%,腐熟有机肥 40%,每立方米床土另加入氮、磷、钾含量分别为 15%的复合肥 1 千克。

辣椒育苗所用园田土必须选用三年未种过茄科作物(辣椒、茄子、番茄、马铃薯、烟草)的土壤,并且要确保没有根结线虫病,没有用过除草剂、多效唑的土壤,最好用葱蒜类肥土。

在配制营养土的过程中,要注意按配方比例,切不可随意增加化肥用量。为了防止肥料发热烧苗,不能用未经腐熟的有机肥料。同时,苗床内尽量不要施用硫酸铵、碳酸氢铵等氮素肥料,防止肥料分解释放的氨气损伤秧苗。营养土要充分拌和均匀。

床土要求无病菌害虫,矿物质营养丰富,富含有机质,具有良好的通透性和保温、保水、保肥能力。配制好的床土,如果是播种用土,一般直接装入苗床,踏实后厚度达到 6~7 厘米即可;装入育苗容器时,一般低于容器口 1 厘米即可。如果是分苗床,苗床摊平踏实后厚度应达到 10 厘米。

2. 床土消毒 老菜区在配制床土时,为防止床土带菌,一定要进行床土消毒。常用消毒剂与消毒方法如下。

(1)福尔马林(40%甲醛)消毒 福尔马林加水配成 100

倍液向床土喷洒,1 千克福尔马林可喷洒 4 000～5 000 千克土壤,喷施后把床土拌匀,土堆上覆盖塑料薄膜闷 5～7 天,充分杀死土中病菌,然后揭开薄膜,经 10 天左右,待土壤中药味散发完再使用。此法可防治猝倒病和菌核病。

(2)65％代森锌粉剂消毒 每立方米床土用 65％代森锌60 克,拌匀后用塑料薄膜覆盖 2～3 天,撤去薄膜,待药味挥发后使用,此法可防治苗期猝倒病和菌核病。也可用 50％多菌灵粉剂,每立方米床土用 40 克药粉,方法同代森锌。

(3)五氯硝基苯消毒 用 70％五氯硝基苯粉剂与 50％福美双或 65％代森锌可湿性粉剂等量混合。每平方米用混合的药剂 8～9 克与半干细土 13～15 千克拌匀,播种时作为垫土和盖土,可防治茄果类猝倒病和立枯病。

(4)高温消毒 夏季高温季节,在大棚或温室中,把床土平摊 10 厘米厚,关闭所有通风口,中午棚室内的温度可达到60℃,这样维持 7～10 天,可以消灭床土中的部分病原菌。

(5)蒸汽消毒 有蒸气来源的地方可以利用蒸气来消毒。把土温提高到 90℃～100℃条件下处理 30 分钟,对猝倒病、立枯病、菌核病和病毒病的防治效果好。

(二)冬春季育苗技术

1. 播种 首先要依据品种的特性、当地的气候和设施条件确定定植期,再依据辣椒的适宜苗龄(苗龄过长会使苗徒长或老化,过短则达不到所要求的生长发育程度),推算出播种期。一般来说,辣椒的最适苗龄为 90～100 天。播种量为每667 平方米 50～70 克。

冬、春播种宜在晴天进行。播种前苗床应先浇足底水,待底水全部渗下以后,先在床面撒一薄层过筛的细土,以防播种时种子表皮裹上泥浆,影响呼吸和出苗,然后再播种。一般采用撒播,为使种子播撒均匀,可用砻糠灰、细干土或细炉灰与种子混均匀后再播。每 50 克种子撒播 3～5 平方米。播种后及时覆盖过筛的营养土 1 厘米厚,覆土后再盖 1 层地膜,可起到保温保湿的作用。

2. 播种床的管理

(1)温度管理　播种后保持白天气温 28℃～30℃,夜温 18℃～20℃,5～6 天后即可出苗。严寒季节育苗时,各种育苗设施要盖严保温,电加温温床要通电升温,有辅助加温设备的日光温室可适当加温,以保证出苗所需热量。

70％苗出土后要及时将床面上的地膜揭去,若有苗将苗床土顶起,可用削尖的细竹竿将土轻轻捣碎,有利于小苗扎根。苗出齐后,可向床面筛细土 0.5 厘米厚,以弥缝保墒,防止苗倒露根。苗的 2 片子叶展平后,要在温度允许的前提下,白天尽量揭苫或揭膜使苗见光。同时要降低温度,白天 23℃～25℃,夜间 15℃～17℃,有利于保证子叶肥大。如果白天气温低于 15℃,夜间低于 5℃,短期内辣椒苗会停止生长,时间过长会出现死苗。

(2)水分管理　苗床应保证充足的水分,但又不能过湿。苗床保护设施和土质条件等有利于保墒时,浇足底水一般到分苗时也不会缺水,可趁苗上无水滴时,向床面筛土,每次 0.5 厘米厚,共筛 2～3 次,以利于保墒,同时可降低苗床湿度,防止猝倒病的发生。若苗床保墒差,水分散失多,苗缺水时,可用喷壶向床面洒水。如果床面湿度大,床土泥泞,可在床面撒些草木灰,以吸去多余水分。

3. 分苗　分苗的作用在于改善幼苗的土壤营养条件和光照条件,确保幼苗正常生长,同时也有利于淘汰弱苗、病苗、杂苗,使幼苗生长整齐一致。分苗一般在 2 叶 1 心或 3 叶 1 心时进行。分苗前要低温炼苗 2～3 天。分苗方法有苗床分苗和营养钵分苗两种。分苗到苗床上时,苗距为 8～10 厘米 ×10 厘米。分苗到营养钵最好,要求钵的上口径要达到 9～10 厘米。

分苗宜选择"冷尾暖头"的晴天进行。分苗前 1～2 天要浇"起苗水",以便起苗时减少伤根。分苗时,要注意栽苗深度,以子叶露出床面为宜。每穴或每钵根据品种和定植要求栽单株或双株。栽双株时,一定要选大小一致的苗子,防止大小不匀,大苗欺小苗。辣椒一般都采用双株分苗。苗床分苗时用小铲开一深 4 厘米的沟,浇水,按 8～10 厘米距离摆放幼苗并封土。分苗时,子叶要露出地面。

4. 分苗床的管理

(1)温度管理　分苗后 1 周内要保持较高温度,以利于生根缓苗。平均地温 18℃～20℃,气温白天保持 28℃～30℃,夜间 20℃。如果地温低于 16℃,则生根慢,长期低于 13℃,则停止生长,甚至死苗。

缓苗后要降低气温,一般白天 20℃～25℃,夜间 15℃～17℃,以保持秧苗健壮,防止徒长。设施内温度高过 32℃可适当揭开部分薄膜通风降温,但在 17 时前后要盖住风口。定植前 10～15 天要低温炼苗,白天温度降至 15℃～20℃,夜间 5℃～10℃,在秧苗不受冻的情况下,夜温可尽量低些。低温炼苗要逐步进行,不可使温度骤降。

(2)水肥管理　分苗后到新根长出以前,一般不浇水,心叶开始生长后,可根据床土墒情于晴天上午浇水。幼苗定植前 15～20 天,可结合浇水追 1 次速效化肥,如用硝酸铵与磷酸二氢钾 2∶1 混合 500 倍液浇灌苗床。每次浇水后要给苗床适当松土,但注意不可伤及根系。如果采用营养钵分苗,分苗应旱了就浇,控温不控水,浇水后也无须中耕。

(3)光照管理 分苗后的2～3天,在中午光照较强时,应盖"回头苦"短时间遮光,以防幼苗失水萎蔫,造成缓苗时间过长。缓苗后,由于分苗床更需充分见光,设在温室或大棚内的苗床的棚膜必须在白天尽量揭开,特别是阴天时,只要温度适宜,不构成发生冻害条件,也要揭开膜。

(4)定植前的囤苗 采用苗床分苗法,定植前必须用栽铲将苗土切开进行囤苗。方法是在定植前4～6天,浇水切坨起苗,并将苗坨就地码放整齐,土坨之间要撒些细湿土填缝,以减少水分蒸发。囤苗期间,幼苗断根处可萌发许多新根,定植后新根继续生长,可加快缓苗。囤苗时间不宜过长,否则土坨干硬,使根系老化,叶片脱落,起不到囤苗的作用。营养钵分苗,应在定植前2～4天浇1次水,做到定植时不散坨,避免伤根,保证定植质量。

5. 防止分苗时死苗的措施

(1)提高床土温度,保证幼苗对温度的需求,就辣椒而言,床土温度不低于15℃。

(2)保证配制床土(营养土)时所用的农家肥是已充分腐熟或是放置多年的陈粪,并要过筛拌匀。

(3)起苗时要多带土,少伤根,随分随起,不要一次多起苗而长久放置。

(4)分苗宜小不宜大,有利于提高成活率,辣椒在2叶1心时分苗,要选择晴天温度高时分苗。

(5)在分苗前,应先将床土里的地下害虫消灭,通常情况下,适当喷洒些辛硫磷药剂效果较佳。

(三)夏秋季育苗技术

日光温室及塑料大棚秋延后、越冬栽培播种的育苗期正值夏秋季高温多雨季节,一般在6月中下旬至9月上旬。为避免高温、雨涝和病毒病危害,一般要采用防雨、防强光的遮蔽方法育苗。

苗床要设在地势高、通风好、排水良好、光照充足的温室及大中棚内,棚上应挂好防虫网,备好遮阳网和防雨膜,便于防虫、防病、遮荫、蔽雨、降温。

夏秋季育苗通常采用8厘米×10厘米的营养钵或营养方块育苗,不分苗,一次成苗。苗床宽1~1.2米,深15厘米,长度依育苗数量而定。每1000个营养钵通常需要营养土0.8立方米左右,占用苗床面积10平方米左右。每钵装满营养土,略压实后摆入已建好的苗床内,然后浇水使钵土沉实,即可播种。钵与钵之间要紧靠,缝隙用土填满,防止土壤干旱。采用营养方块育苗,须先将苗床用营养土铺满,略微压实,厚度约12厘米,浇水沉实后,按8~10厘米见方划割成方块,然后播种。

播种前先催芽,待70%种子露白后播种,每穴1粒,包衣种子可干籽直播。播种后,营养钵及营养方块上要覆0.5~1厘米厚的土。播种后,出苗前要在苗床上盖1层草苫或1层作物秸秆,以利于保墒降温。4~7天后,幼苗出土,此时要及时揭去草苫或秸秆。出苗后若苗床墒情不好,可用喷壶喷水,但严禁在苗床内大水漫灌,以免高温高湿造成猝倒病、根腐病的发生和蔓延。

播种后棚架上覆盖好防虫网,还要用遮阳网遮光。蔬菜育苗和栽培上多用遮光率60%左右的黑色遮阳网。遮阳网覆盖在防虫网上面,晴天在 10 时至 16 时覆盖,其他时间揭去。防雨膜主要是预防暴雨对苗床的袭击。可用旧棚膜代替,通常覆盖在防虫网或遮阳网上面,用压膜线固定,棚室四周均保持 1～1.5 米的高度,保持室内通风。

随着苗子的不断生长,要注意经常封土压根,以防倒伏。苗床内喷水后要及时封土,以起到降低湿度、减轻病害的作用。

七、无土育苗技术

采用无土育苗法可有效避免辣椒苗的各种土传性病害,特点是出苗率高、整齐,是一种有效的育苗方法。

(一)苗床基质育苗

1. 基质准备 无土基质选用砻糠灰、食用菌渣、干牛粪,按 1:1:1 比例混合,用过磷酸钙调节其酸碱度使 pH 达到 7 左右。在 1 立方米混合基质中加入 100 克多菌灵、1 千克复合肥、50％辛硫磷乳油 800 倍液 12.5 千克,拌匀后外罩塑料薄膜,堆置 1 周。

2. 育苗床准备 在温室或普通大棚内,于畦面下挖一个深 15 厘米、宽 0.8～1 米的沟槽,沟底平铺一层塑料地膜,然后将混合基质均匀地铺在沟内,整平。春季播种可在基质内铺设电加温线。

3. 播种 秋季播种可直接将处理过的种子播于育苗床上。春季栽培,则可先将种子催芽,待其露白即可播种。将种子点播在基质上,淋水后,再覆盖一薄层基质,然后搭建小拱棚,覆盖塑料薄膜。

4. 苗期管理

(1)温度　春季育苗时,夜间可盖薄膜及遮阳网,白天可适当放风,使苗床温度保持在 22℃～24℃,夜间 14℃～16℃。秋季育苗时,在播种后到出苗期间均盖上遮阳网,出苗后在晴天的上午 10 时至下午 16 时仍需覆盖遮阳网,以避强光。春季栽培每天浇 1 次水,秋季育苗可早晚各浇 1 次水。

(2)病虫害防治　用无土基质育苗,为控制土传性病害,可喷施 1～2 次杀菌剂。为防止病毒病,应在苗期防治蚜虫,并用病毒 A 喷施 1～2 次,同时用速杀灵 500 倍液防治斜纹夜蛾,喷施次数视虫害程度而定。

(3)间苗　为防止徒长,当苗长到 2 片真叶时,应移苗 1 次,同时喷施 1 次叶面肥。当苗高 15～20 厘米时可进行定植。

(二)育苗盘育苗技术

采用长、宽、高分别为 55 厘米、27 厘米、5 厘来的塑料育苗盘,盘内共分为 72 个空格。利用草炭土和蛭石以 3∶1 的比例混合后作为育苗基质,将混合好的育苗基质装入育苗盘内,将多个装有基质的育苗盘叠在一起,上加一块木板,稍用力向下压,由于重力使每个育苗孔上部都有一个下陷的坑,然后将种子点播于育苗孔内,每孔内可播 2～3 粒种子,也可播浸种催芽后的种子。播后上面覆盖蛭石,使之与育苗盘平齐即可,然后用喷壶浇水,一定要浇透。在育苗盘上覆盖塑料薄膜,保温保湿,促进出苗。幼苗出土后将薄膜撤去,苗出齐后可根据不同要求每孔内留 1～2 棵苗。

采用此法育苗,其营养和水分管理与常规育苗法有所不同,由于草炭和蛭石中的营养不够幼苗生长的需要,尤其在幼苗生长的中后期。因此,在幼苗生长到 3~4 片真叶以后,需要浇灌营养液。可 1 次营养液 1 次清水间隔浇灌。营养液可用尿素和磷酸二氢钾配制,浓度为每升水加尿素和磷酸二氢钾 2 克。草炭和蛭石保水性能比较差,因此,和常规育苗相比,浇水次数要多,不能让育苗基质太干而影响幼苗生长。其他管理与常规育苗相同。

八、嫁接育苗技术

辣椒随着生产的专业化和保护地栽培的发展,连作现象增多,土传病害逐年加重。尤其是疫病、根腐病、青枯病、枯萎病等,一旦流行就会造成大面积死秧,对辣椒生产构成了严重威胁。嫁接育苗技术作为克服连作障碍的一项有效措施,在黄瓜、茄子、番茄等蔬菜作物上推广应用较广泛,最近几年在我国山东省寿光等地也开始在辣椒上应用嫁接育苗技术,并取得了显著的防病增产效果。

(一)砧木和接穗的选择

目前辣椒嫁接栽培所用砧木有两类,一类是抗病野生辣椒、半栽培辣椒,品种数量较少,主要有适合辣椒类品种嫁接的"PFR-K64"、"PFR-S64"、"LS279"等,适合甜椒类品种嫁接的"土佐绿 B"等品种;另一类是茄子嫁接用砧木,如托鲁巴姆、CRP、赤茄、耐病 VF 等。接穗可使用当地主栽的辣椒品种。由于嫁接育苗增加了投入,所以,嫁接育苗主要应用于日光温室、越冬栽培等高投入、高产出栽培形式,以期获得较好的经济效益。以下以托鲁巴姆为砧木,介绍辣椒的嫁接栽培技术。托鲁巴姆是目前生产上大面积推广的较好的砧木,能同时抗青枯病、枯萎病、黄萎病和线虫病等土传病害,可达到高抗或免疫程度,兼具耐低温干旱、耐湿的特点。

(二)培育壮苗

1. 选择适宜播期 由于辣椒嫁接后是在保护设施内生产,故嫁接辣椒可在全年任何时间播种。安排播期的原则是将产品采收上市的时间安排在其他生产方式不易上市的季节,即产品收益最好的季节里。

2. 浸种催芽 播种前首先要进行浸种催芽处理。将托鲁巴姆茄子种子置于 $55℃～60℃$ 的温水中,搅拌至水温 $30℃$,然后浸泡 2 小时,取出种子稍加风干后置于 $100～200$ 毫克/升赤霉素(九二〇)溶液中浸泡 24 小时后催芽,芽长1～2毫米时播种。辣椒接穗采取只浸种不催芽的方法。为达到适宜嫁接苗龄,接穗应比砧木晚播 10～20 天。

3. 移栽 当砧木和接穗各长到 2 叶 1 心时,均应移栽到营养钵中。营养土要求是腐熟的优质有机肥,营养元素齐全。移栽时要浇透底水,移栽后适当遮荫以缩短缓苗时间。

4. 嫁接 当砧木长到 5～7 片真叶、接穗长到 4～6 片叶时即可嫁接。嫁接前一天下午,每 15 升水加青霉素、链霉素 80 万单位各 1 支,混匀后,喷洒辣椒苗,消灭感染病菌。嫁接方式采用劈接,即将砧木从根部留 2～3 片叶处横切断,再从横切面中间纵切 1 厘米深的口子,将接穗从顶部留 2～3 片叶处横切断,再在其上部横切面处两边斜削成锲形,然后将接穗插入到砧木中,使它们的切面吻合,用嫁接钳夹牢即可。

5. 嫁接后的管理 嫁接辣椒苗用拱棚覆盖,前 3 天,白天温度保持 28℃～30℃,夜间 18℃～20℃,土温 25℃左右。为避免阳光直射,10 时至 16 时采用草苫或纸被遮荫。3 天后逐渐降低温度,早晚要逐渐增加光照时间。温度高时可采用遮光和换气相结合的办法加以调节,白天温度控制在 25℃～27℃,夜间 17℃～20℃。6 天后,可把小拱棚的薄膜拉开一部分,逐渐扩大。8 天后去掉小拱棚转入正常管理。嫁接愈合期的头 3 天,空气相对湿度要达到 90%左右,3 天后空气相对湿度保持 70%～80%,6 天后空气相对湿度达到 60%～65%。

(三)定植技术

嫁接后 30 天左右即可定植。定植时注意嫁接刀口位置要高于畦面一定距离,以防接穗受到土壤中土传病菌的感染。定植时覆土不可超过接口,否则接穗长出不定根,失去了嫁接防病作用。定植后的管理与辣椒常规栽培方式基本相同。

(四)嫁接育苗的误区

一般人都会认为嫁接后就不发病了。其实,嫁接是选用抗病的砧木,取代原栽培品种的根系,利用栽培品种不直接接触土壤的原理,切断土壤病菌侵入栽培品种的途径,从而达到防病目的。但嫁接后,并没有改变栽培品种的抗病基因性质,部分辣椒仍不抗病,一旦生出不定根或伤口受到严重污染时,还会继续发病。因此,生产中必须采取相应的防病措施进行辅助管理,才能真正达到嫁接不发病的目的。

九、苗期激素微肥的应用

(一)促进发芽

可用九二〇 30 毫克/千克药液浸泡种子 4 小时,可促进种子发芽兼有防病作用。

(二)促进黄弱苗转化

用 0.5% 磷酸二氢钾加 0.2% 尿素加 0.2% 活力素混合药液进行叶面喷洒。

(三)矫正徒长苗

发现秧苗徒长时,及时喷施矮壮素 500 毫克/千克液,或缩节胺 5 毫克/千克。也可将某些叶面肥或药剂的正常使用浓度提高 1 倍,如绿风 95 正常使用浓度是 400~500 倍液,如果喷用 200~250 倍液,不仅能控制徒长,还可以起到较好的防病效果。已经出现徒长的植株,应注意补给磷素营养。

(四)促进老化苗转壮

秧苗出现老化时,首先应考虑促进根系恢复,进而再促进地上部分快速生长。可在根部灌萘乙酸和爱多收的混合液(每 10 升水加入浓度 10 000 毫克/千克萘乙酸 5 毫升,爱多收 2~3 毫升)。地上茎叶喷用九二〇 20~30 毫克/千克药液。

(五)促长兼防病

分苗后,用 0.5%尿素、0.5%红糖、0.5%磷酸二氢钾、0.1%的 70%甲基托布津可湿性粉剂混合液(相当于 10 升水中相应加入量为 50 克、50 克、50 克、10 克),进行叶面喷雾。

夏、秋季育苗重点是通过培育壮苗来预防病毒病,一般用抗病威(病毒 K)500~1 000 倍液,或抗毒丰 500 倍液,同时加入硫酸锌 500 倍液等,灌根同时喷洒植株达到防治效果。

十、冬春季育苗期遇到灾害性天气的对策

冬、春季育苗期间,经常遇到阴天、大风、降雨、降雪和寒流等灾害性天气,对育苗极为不利。为减轻危害,应采取下列措施。

(一)雪 天

应采取及时清除积雪的措施,避免积雪过厚压塌育苗设施。

(二)雨 天

下雨天,白天要将草苫卷起来,以防被淋湿而影响保温效果。降雨过后,及时晾晒草苫和纸被,以防纸被破损、草苫过湿、卷放不便而影响使用寿命。

(三)连续阴雨和降雪

连续阴雨和降雪天,也要坚持天天揭苫,使幼苗见光。连续阴雨和降雪天后,秧苗较长时间不见阳光,晴天后揭开草

苫,由于光照强,温度上升快,叶片蒸腾作用强,秧苗很快失水萎蔫,严重时不能恢复而死。遇到这种情况,应立即把草苫重新覆盖,过一段时间秧苗恢复后,再揭开草苫。若再出现萎蔫,应再盖上草苫,反复揭盖几次即可,即所谓的盖"回头苫"。如果萎蔫严重,可往叶面上喷清水,再盖草苫。

(四)大 风 天

要注意防风,把草苫压牢,防止被风刮掉而冻伤秧苗。白天要注意防止刮开薄膜损伤秧苗,停止通风,把四周薄膜压牢。如果床内温度过高时,可放花苫覆盖进行降温。

(五)连 阴 天

连阴天如果不揭草苫,秧苗长时间见不到阳光,植株体内营养物质消耗过多,叶色将由绿变黄。当晴天太阳出来时,一旦打开草苫就会造成秧苗萎蔫枯死。因此,即使是连阴天,中午前后气温较高时也要揭开草苫,使秧苗见些散射光。揭开时间长短可根据天气或床温变化而定。为加强保温,夜间可增加防寒设施,以确保秧苗生长的最低温度,也可利用人工光源补充光照。

(六)夜间突然降温

这种情况多出现在早春季节,常是连续几天晴天,又出现一次寒流,往往夜间出现突然降温。注意收听天气预报,遇夜间降温天气应覆盖好草苫,注意防止漏风。降温幅度较大时,要增加覆盖物或利用加温设施进行增温。

(七)通 风

灾害性天气期间,应注意适当通风,克服一些群众怕冻苗而不揭苫、不通风的错误做法。当短期出太阳时,可适当开小风口通风,通风口应由小到大。特别是晴天到来之后,应及时通风见光。

第四章　辣椒栽培技术

辣椒销量大,价格平稳,是调整农村产业结构的首选蔬菜。科学栽培是高效益的重要方面,所谓"三分种、七分管、管理不当不高产"。

我国各地气候差异很大,各种栽培形式的播种期、定植期、采收期均有不同。本章主要以中原地区为例讲述各种栽培技术,并列出全国其他部分地区的栽培季节表以供参考。

一、怎样判断辣椒是否种好

提高种辣椒效益,首先要种好辣椒。判断辣椒是否种得好,应从以下几个方面进行考察。

(一)植株的性状

栽培和管理得当的植株,其茎秆粗壮,节间长短适中;株型符合栽培要求;叶厚、色深;结果前植株不老化、不徒长,结果后期不发生早衰;坐果率高、不落花;果实形状端正,果皮光亮、色泽鲜艳,畸形果少;无病虫危害;整个地块的植株生长情况比较整齐。

(二)植株的结果情况

栽培和管理得当的植株,其结果期适中,结果期长短符合该品种的特性要求,也符合该品种在该栽培方式下的栽培要求;花蕾质量好,坐果率高,落果少;果实发育快,果形端正,畸形果少,优质果率高。

(三)植株的生产情况

栽培和管理得当的植株,其产量分配比较均匀,不仅有较高的前期产量,而且中期和后期的产量也较高。

(四)茬口安排与品种选择情况

茬口安排适宜,播种期恰当,所选的品种与栽培方式、主要销售目的相适应。

(五)栽培方式选用情况

所用栽培方式与当地的生产条件、栽培季节以及栽培目的相适应。

(六)栽培效益情况

获得较高的经济收入是辣椒生产的最终目的,因此,是否获得较高的生产效益是衡量辣椒生产好坏的重要标准之一。种植好的辣椒应获得与所安排的栽培季节以及采用的栽培方式相适应的栽培效益。

二、辣椒栽培管理误区

(一)不注意倒茬

不少菜农不重视倒茬,一块地年年种辣椒,致使土壤中各种病菌累积,使病害逐年严重,造成大量死苗,以至于后来有的菜农到了不敢种辣椒的地步。合理的轮作倒茬是辣椒高产的基础。辣椒属于茄科作物,最好与非茄科作物轮作倒茬栽培,如十字花科类、豆类、禾本科作物及葱、蒜类等,不要与番茄、茄子、烟草、马铃薯、瓜类蔬菜等重茬,至少三年内没种过此类作物。

辣椒倒茬的最优茬口是葱、蒜茬,辣椒的土传病菌,会被葱、蒜类蔬菜的根系分泌物杀死。葱、蒜类蔬菜的营养特性及吸肥比例也不同于辣椒,养分可以互补,尤其是微量元素。

(二)不注意施肥技术

很多菜农不注意施肥技术。其实,在种植品种相同、管理条件相同的情况下,施肥的多少、肥料的种类和各种营养元素的配比等决定了辣椒植株的生长状况以及产量、品质、采收期的早晚和长短等。

(三)定植过密或过稀

栽培时定植过稀,造成高温季节植株不能封垄,易引起病毒病和日烧病的发生,还直接导致总产量不高,效益低下;定植时过密,尤其在保护地种植密度过大,易引起田间通风透光条件不好,导致田间湿度过大,引起各种病害的发生。所以,合理密植是取得辣椒高产的一项重要措施。合理密植时要看所栽培品种的具体特性,如所栽品种植株高大,开展度大,需适当稀植;如株型矮而紧凑,可定植较密。

(四)不注意浇水质量

辣椒是不耐涝的蔬菜,水淹后会造成大量死苗,是造成效益低下的重要原因。最常见的就是大水漫灌。

在辣椒栽培中,浇水、排水不当,会引起产量下降,效益降低。尤其在坡度较大的地块浇水,下水头易发生沤根或感染疫病而死掉,上水头因干旱易发生病毒病而减产。

科学浇水应注意以下几点。

1. 小水浇灌,忌大水漫灌。

2. 夏季多雨季节,要做排水沟,田间不可积水。下雨及时排水,雨停畦水干。

3. 初花期不浇水,以防落花落果而徒长;坐果盛期小水勤浇,保持地面湿润,尤其在追肥后要浇水,以促茎叶生长和果实膨大。

4. 气温高时,早晨、傍晚均浇水,以降低地温。气温超过30℃,中午严禁浇水。

5. 在水源缺乏或经济条件允许的地方,可铺设滴灌管,使用滴灌浇水技术。滴灌具有减少土壤养分流失、有效降低田间湿度、减轻病害发生、节约水资源、提高辣椒产量和品质等优点。

(五)错误地认为茬次多收入高

栽植的茬次不要多,要根据品种和当地生产条件而定,栽植茬次多,结果是效果差,效益低。正确的做法是:

1. 越冬一大茬,一年种一茬为好,春秋茬以一年两作为宜,辣椒老株再生可续收一茬,市场价格低时拔苗晾地。

2. 每年在夏季留一段时间进行深翻,雨淋,压盐。曝晒杀菌,闷棚灭虫,熟化土壤,促进主茬的生长,提高效益。

(六)不注意采果技术

采摘辣椒时,不能有果就摘,应根据植株生长发育的情况来确定采收的轻重缓急。

1. 枝瘦叶弱的要重采 植物各种器官生长所需的营养物质都是叶片进行光合作用所产生的,如果植株矮小瘦弱,叶面积太小,丰产则失去了保障。因此,必须创造使枝叶茂盛生长的条件,除了加强肥水供应外,另一个有效的措施就是多摘嫩果。摘嫩果可改变辣椒植株营养物质的分配,使枝叶获得的营养物质增多,加速生长,为大量结果打下基础。

2. 旺株摘果不过头 植物的营养生长与生殖生长相互制约而又密切相关。营养生长过旺,则难以挂果,如果挂果率高,就可以控制植株的生长,两者取得相对平衡,才能获得高产。当植株生长旺盛,而挂果不少时,有的人为了抢卖高价,只顾眼前利益,一次大量采收嫩果,使营养物质大量转移到茎叶生长上,旺株则更旺,发生徒长现象,辣椒就不易着果了。

3. 植株出现徒长暂不摘果 造成辣椒徒长原因很多,主要是氮肥偏多、光照不足、密度过大和采摘不当等原因引起的。当发现植株开始徒长时,必须暂停采果,此时植株的营养物质多流向生长激素含量高的幼叶、嫩果和生长点。保留嫩果,对控制徒长有一定的作用。

4. 红椒、虫果不久留 当植株下部留有成熟红椒时,会大大影响幼果的生长,应及时采摘。因蛀食辣椒果实的烟青虫有转果为害习性,对虫蛀果实,应结合采收,及时清除,防止害虫转果继续为害。

三、辣椒施肥技术

土壤是辣椒生存的场所,采用科学的耕作方法,合理倒茬轮作,不断提高土壤肥力,改善土壤结构和理化性质,才能达到各茬次的均衡增产、连年增产。

(一)辣椒的施肥误区

1. 水大粪勤不问人 有些菜农认为肥大就好,虽然有时产量、收入真的有所提升,但因成本过高,实际收益却下降了,得不偿失;有时因为疏于管理而导致植株营养生长过于旺盛,使产量下降,适得其反。要合理施肥灌水,使成本和收益达到平衡。

2. "单一型"施肥 一是主要体现在有些菜农只注重氮、磷、钾等元素的施用,认为二铵、尿素便可满足作物需要,忽视了"最小养分律"的制约原理,造成微量元素跟不上,不仅影响了大量元素的吸收利用,而且直接影响到产品质量;二是有的菜农认定哪种肥料好之后,就长期施用,这种做法导致土壤变酸或变碱,严重破坏土壤的理化性状,破坏有益微生物活动,降低土壤活性,最终造成土壤板结。正确的做法应该是购买合格化肥,进行测土配方施用。

3. 图省事,偏施化肥,不施有机肥 有些菜农认为,施化肥既省事又管用;施农家肥,既费事,见效又慢。因此,长年单一施化肥,导致土质恶化,地越种越贫瘠,而且对环境造成很大污染。

4. 盲目随从他人施肥 有些菜农不能根据自己所种作物的苗情、地力等综合因素确定施肥量,施肥前先打听别人怎么施、施多少,或者大多数人施多少,以此为依据施肥,虽然与别人做的基本一样,但效果却有很大差别。

5. 农家肥不腐熟 用生粪作底肥易烧根,根呈褐色,对地上还易造成气体为害,如叶片常出现白点状斑,近透明,此症状往往属于气体为害。粪堆底一定要与其他处的土壤大面积混匀,否则苗不生长并呈墨绿、深绿色;有时施肥过多也会出现此现象,这些又称生理干旱。

(二)辣椒的营养特性

辣椒养分含量高,生长期长,果实连续坐果,因而需肥量比较大,而且辣椒植株体内养分的转移率低,非可食器官(茎、叶)中的养分大部分都不会转移到可食器官(果实),故茎叶和可食器官之间养分含量差异小,所以其总体需肥量更大。

辣椒生长期长,又多属于无限生长类型,即边现蕾边开花结果,需要分次收获上市。因此,在生产上要注意调节其营养生长和生殖生长的关系,才能获得好收成。

辣椒对土壤类型的要求不严格,红壤土、砂质土与黑壤土等各类土壤都可以栽植,但要获得高产优质,对土壤的选择还是有讲究的。一般来说,栽培在土质疏松、肥水条件极好的河岸,或湖区的砂质土壤,或灌溉方便、土层深厚肥沃的土壤上才能获得高产。

辣椒对土壤的酸碱性反应敏感,在中性或弱酸性(pH 值在 6.2~7.2 之间)的土壤上生长良好。

(三)辣椒的需肥动态及规律

辣椒的生长发育对氮、磷、钾等肥料都有较高的要求,而且还要吸收钙、镁、铁、硼、铜、锰等多种微量元素。整个生育期中,辣椒对氮的需求最多,占 60%,钾占 25%,磷为第三位,占 15%。在各个不同的生长发育时期,需肥的种类和数量也有差异。幼苗期苗嫩弱瘦小,生长量小,需肥量也相对较小,但要求肥料质量要好,需要充分腐熟的有机肥和一定比例的磷、钾肥。磷、钾肥能促进根系发达,辣椒幼苗期即进行花芽分化,氮、磷肥对幼苗发育和花的形成有显著的影响,氮肥过量,易延缓花芽分化,磷肥不足,不但发育不良,而且花的形成迟缓,产生的花的数量也少,并形成不能结实的短柱花。

移栽后,植株对氮、磷肥的需求增加,合理施用氮、磷肥可促进根系发育,为植株旺盛生长打下基础。磷不足会引起落蕾、落花。氮肥施用过多,植株易发生徒长,推迟开花坐果,而且枝叶嫩弱,容易感染病毒病、疮痂病和疫病。初花后进入坐果期,氮肥的需求量逐渐加大,到盛花、盛果期达到需求高峰。

氮肥供分枝,发叶,磷、钾肥促进植株根系生长和果实膨大,以及增加果实的色泽。钾在辣椒生育初期吸收少,采摘果实后开始增多。结果期如果土壤钾不足,叶片会表现缺钾症,发生落叶,坐果率低,产量不高。辣椒的辣味受氮、磷、钾肥含量比例的影响,氮肥多,磷、钾肥少时,辣味降低;氮肥少,磷、钾肥多时,辣味浓。供干制的辣椒,应适当控制氮肥,增加磷、钾肥比例;大果型品种需氮肥较多,小果型品种需氮肥较少。

辣椒为多次成熟、多次采收的作物,生育期和采收期较长,需肥量较多,故除了施足基肥外,还应做到采收1次、施肥1次,以满足植株的旺盛生长和开花分蘖的需要。在施用氮、磷、钾肥的同时,还可根据植株的生长情况补施适量钙、镁、铁、硼、铜、锰等多种微肥,预防各种缺素症。辣椒生长中后期,施用磷酸二氢钾和喷施微量元素肥料,是防病促果的有效措施,也是补充肥料增加产量的有效措施。

(四)辣椒的施肥原则

辣椒的施肥原则是多施有机肥和追肥,采用少施多次的方法,切忌不可一次施入大量的化肥,尤其是氮肥。辣椒施肥以配方施肥为好,配方施肥是以辣椒的需肥特性为依据,根据栽培地块内的各种养分含量的多少,把不同的肥料,按照一定的用量比例,进行搭配施用。

辣椒的吸肥规律是每生产 1 000 克辣椒,吸收纯氮 5 千克,五氧化二磷 2 千克,氧化钾 2 千克,钙肥 3 千克,铁肥 2 千克以及锌、硼、锰、铜等必要的微量元素。微量元素可在现蕾后喷 2～3 次,每次间隔 10～15 天。注意氮肥不可过量追施,既浪费了肥料,又易出现徒长造成落花落果,还易感染各种病害。磷肥可促使新根萌发;钾肥能增强抗性;钙肥以喷施为好,缺少钙肥会诱发脐腐病;缺少硼肥会使花发育不良,生长点烂掉;硫肥可增加辣椒的辛辣味,提高品质。

(五)辣椒的施肥技术

根据辣椒需肥规律和土壤肥力的高低,首先施足底肥,在辣椒生长发育的各个时期,按照它对养分的要求增施不同种类和数量的肥料,实行科学追肥,做到"一控、二促、三保、四忌"。一控即是初开花期控制施肥,以免落花、落叶、落果;二促即是幼果期和采收期要及时追肥,以促幼果迅速膨大;三保即是保不脱肥、不徒长、不受肥害;四忌即是忌用高浓度肥料,忌湿土追肥,忌高温追肥,忌过于集中追肥。

1. 施足底肥 这是促使缓苗后加快生长、提前封垄夺取辣椒高产的有效措施之一。应以有机肥为主,且要充分腐熟以减少致病菌和虫卵的带入量。在耕翻之前,每 667 平方米撒施或沟施充分腐熟的优质农家肥 5 000～8 000 千克、尿素 15 千克、过磷酸钙 50 千克、硫酸钾 15 千克或高浓度复合肥 50 千克。一般优质有机肥 1 000 千克大约可提供氮 0.9 千克、磷 0.9 千克、钾 2.6 千克。施用 5 000 千克有机肥作底肥,则氮、磷、钾三要素的含量分别为 4.5 千克、4.5 千克、13 千克,外加化肥,对采收前的需肥量是绰绰有余的。

大棚等保护地栽培,比露地单位面积施肥量大得多,且因无雨水淋洗,致使剩余的肥料大部分残留于土壤中,使土壤溶液浓度过高,不利于根系吸收养分甚至损伤根系。所以,设施栽培辣椒,应充分考虑前茬肥料的后效,多施有机肥,适当少施化肥,避免因积累而使作物受害,从而进一步发挥保护地种植辣椒的优势。

2. 科学追肥 追肥是为了采收期的需要。进入幼果期可进行第一次追肥,当第一果实直径达 2~3 厘米大小时,应追 1~2 次氮肥,每次每 667 平方米施尿素 7~10 千克;如果生长势不好,在盛果期还要抓紧进行第二次追肥,每 667 平方米施氮磷钾三元复合肥 10~15 千克,追后浇水;采收期要猛追猛促,以清晨或傍晚浇水追肥为宜。每采收一次,要追施适量肥料,有利于延长采收期,增加采收次数,提高产量,改善品质。

3. 叶面喷肥 其优点是用量小、吸收率高、效果快,增加叶绿素含量和光合作用强度;有利于有机物的积累,防止落花、落果,一般增产率在 10% 以上。在开花期喷 0.1%~0.2% 的硼砂水溶液,可提高坐果率;在整个生长期可多次喷 0.3%~0.4% 的磷酸二氢钾溶液,每 667 平方米喷液肥 50 千克左右为宜,采收前 15 天不再喷施叶面肥。叶面喷肥要防止以下几个误区:

(1)任意喷施 误认为在辣椒的任何生育期都可以喷施叶面肥。叶面喷肥是靠叶片吸收,这就要求辣椒要有足够的叶面积,否则喷施的效果差,达不到目的。因此,喷肥一般在辣椒生育的中、后期进行,才能获得最大的叶面喷肥效益。

(2)任意用肥 误认为任何肥料都可以作叶面肥喷施。

有些挥发性强的肥料如氨水、碳铵等,喷施后挥发氨气,会对辣椒造成熏伤。另外,辣椒忌氯,对氯离子非常敏感,当吸收量达到一定程度,会明显地影响产量和品质,如氯化钾、氯化钙等,就不宜进行叶面喷施。

(3)随时喷施 误认为任何时间都可以进行。雨后或清晨叶片上有水珠或露珠时不宜喷肥,否则会降低喷施浓度。晴天中午烈日当空时忌喷,因为喷施后不能保持较长时间的湿润状态,叶片吸收差,利用率降低。

(4)浓度大效果好 误认为喷施的浓度越大,效果越好。叶面施肥只起补充和调节作用,不能代替土壤施肥。要严格控制施肥浓度,在适宜使用范围内,一般喷施浓度宜低不宜高。但浓度过低达不到喷肥效果,浓度过高,往往使叶片脱水,造成药害,这是叶面喷肥成败的关键之一。如尿素作叶面肥使用浓度一般为 0.5%~2%;过磷酸钙为 1%~5%;磷酸二氢钾为 0.2%~0.5%;硼酸为 0.1%~0.5%;钼酸铵为 0.02%~0.05%;硫酸锌为 0.05%~0.2%。苗期喷施的浓度要适当低些;生育中、后期喷施的浓度可适当高些;生长正常时,浓度低些;出现脱肥缺素症时,浓度要适当高些;微量元素肥料喷施的浓度适当低些;常量元素肥料的浓度可适当高些。

(六)二氧化碳施肥技术

这是棚室蔬菜生产专有的一项新技术。作物生长过程中,在阳光照射下,每时每刻都在不断地从周围环境中吸收各种养分,叶片从空气中吸收二氧化碳是制造人类所需要的各种农产品的重要环节,但空气中的二氧化碳浓度对于作物需求来说是较低的。

二氧化碳是绿色植物光合作用必不可少的气体,给温室、大棚内补充二氧化碳气肥,棚菜增产十分明显,辣椒、番茄和黄瓜等蔬菜增产幅度一般为 25%～43%。因此,通过施用气肥补充二氧化碳,是一项行之有效的增产措施。

1. 主要方法

(1)增施有机肥法 增施有机肥料能增加土壤有机质的含量,改善土壤理化性状,还能促进蔬菜根系的呼吸作用和微生物的分解活动,从而增加二氧化碳的释放量。此种方法简单易行,成本低,但二氧化碳气体释放量较少。

(2)深施碳酸氢铵法 碳酸氢铵化肥施入土壤后,在挥发氮素肥效的同时,还可释放一定量的二氧化碳,增加棚内二氧化碳浓度。施用方法为每平方米施碳酸氢铵 8～10 克,深施 5～8 厘米,每隔 15～20 天施用 1 次。

(3)化学反应法 用稀硫酸和碳酸氢铵发生化学反应产生二氧化碳。可选用专用的二氧化碳发生器,将碳酸氢铵放入反应桶内盖严,将稀硫酸放入溶液桶内,使其顺着管道缓慢流入反应桶内并发生反应,生成并释放二氧化碳。用量为每667 平方米标准大棚使用碳酸氢铵 2.5 千克,使用稀硫酸 5千克,所产生的二氧化碳浓度可达到辣椒生长所需浓度。

(4)燃放沼气法 沼气通过燃烧可产生大量的二氧化碳气,可按 333.5～533.6 平方米(5～8 分地)的大棚设置一个沼气灶,2～3 个沼气灯。在早晨日出后 30 分钟左右点燃气灶和沼气灯,释放二氧化碳气体。每释放 10～15 分钟间歇20 分钟,再放 10～15 分钟气体,然后熄灭沼气灶和沼气灯。封闭大棚 1～2 小时即可开棚通风。

(5)纯气源法 生产酒精等化工产品时产生的副产品二氧化碳气体,以钢瓶压缩盛装,气源较纯净,施用方便,但成本较高。

(6)燃烧法 通过二氧化碳发生器燃烧液化石油气、丙烷气、天然气和白煤油等均可产生二氧化碳。当前欧美国家的设施栽培常采用这种方法。

(7)施用颗粒有机生物气肥法 将颗粒有机生物气肥按一定间距均匀施入植株行间,施入深度为 3 厘米,保持穴位土壤有一定水分,使其相对湿度在 80% 左右,利用土壤微生物发酵产生二氧化碳。

(8)使用液态二氧化碳(干冰) 直接施用。

2. 注意事项

(1)严格控制二氧化碳施用浓度 辣椒适宜的二氧化碳浓度以 800～1 200 毫升/立方米为宜。但具体的浓度还要根据当时的光照、温度、植株生长情况以及管理水平等确定。育苗期以及发棵期以 800～1 000 毫升/立方米为宜,结果期以 1 200 毫升/立方米为宜;冬季光照不足、温度低,植株生长缓慢,浓度应低些,以 800～1 000 毫升/立方米为宜;春、秋两季光照充足、温度高,植株生长快,浓度应高一些,以 1 000～1 200 毫升/立方米为宜。

(2)合理安排施用时间 一般在辣椒移栽至开花期,植株生长较慢,二氧化碳需求量小,可不施或少施,以防植株徒长。在开花坐果期,施用二氧化碳对减少落花落果,提高坐果率,促进果实生长有明显的作用。

(3)加强配套栽培管理 施用二氧化碳后,植株生理机能改善,根系吸收能力提高,施肥量应适当增加,以防植株早衰,但应避免肥水过量,否则极易造成植株徒长。因此,施用二氧化碳后,要加强水肥及栽培管理,平衡植株的营养生长和生殖生长,达到高产高效的目的。

(4)防止有害气体 防止二氧化碳气体中混有的有害气

体对辣椒的毒害作用,施用洁净的二氧化碳气体。

(七)缺素症的防治技术

辣椒在生长过程中,从植株外部形态上有时出现一些非侵染性病态症状,这是由于土壤中缺乏某种营养元素或营养失调造成的,此种现象称之为缺素症。缺素症对辣椒的生长发育、产量品质有较大影响,因此,预防缺素症的发生,有助于辣椒的高产稳产。

缺素症的观察步骤:

1. 对比正常植株,首先观察症状出现的部位:症状主要发生在下部老叶或在新叶或顶芽。

2. 观察叶片颜色:叶片是否失绿变褐变黄,叶色是否均一,叶肉和叶脉的颜色是否一致;叶上有无斑点或条纹,斑点或条纹是什么颜色。

3. 观察叶片形态:叶片是否完整,是否卷曲或皱缩,叶尖、叶缘或整个叶片是否焦枯。

4. 症状发展过程:症状最先出现在叶尖、叶基部、叶缘或是主叶脉两侧。

5. 观察顶尖是否扭曲、焦枯或死亡。

以下介绍 12 种缺素症的诊断及其防治措施。

1. 缺 氮

(1)症状 氮是植物细胞中蛋白质的主要成分。辣椒幼苗缺氮时,叶绿素含量减少,植株生长发育不良,生长缓慢,叶呈淡黄色,植株矮小瘦弱并停止生长;成株期缺氮,全株叶片淡黄色(病毒黄化为金黄色)且老叶先于幼叶表现失绿症状。缺氮初期根系生长良好,后期亦停止生长,逐渐变为褐色死亡。花蕾脱落增多,坐果少,果实小。不论苗期或成株期缺氮都是成片发生,追施氮肥可以立即转青。

(2)原因　前茬施用有机肥或氮肥量少,土壤中含氮量低,降水多,氮素淋溶多时易造成缺氮。

(3)防治措施　可结合浇水追施尿素或发酵好的稀人粪,也可将碳酸氢铵或尿素等混入 10～15 倍的腐熟有机肥中施于植株两侧后覆土、浇水,应急时也可在叶面喷施0.3%～0.4%尿素水溶液。在低温时,施用硝态氮补充氮素的效果比较显著。

2. 缺　磷

(1)症状　磷是构成核蛋白的主要成分之一,苗期缺磷造成植株矮小,叶色暗绿,由下而上落叶,叶尖变黑枯死,生长停滞。早期缺磷一般很少表现症状,成株期缺磷时,植株矮小,叶背多呈紫红色,茎细,直立,分枝少,延迟结果和成熟。

(2)原因　苗期遇低温影响磷的吸收。此外,土壤偏酸或紧实易发生缺磷症。

(3)防治措施　育苗期及定植期,要注意施足磷肥。发生缺磷时,除在根部追施速效磷肥外,也可在叶面喷洒0.2%～0.3%的磷酸二氢钾或 0.5%～1%过磷酸钙水溶液。

3. 缺　钾

(1)症状　钾是保持植物细胞中原生质各种特性的重要元素之一,缺钾多表现在开花以后。发病初期,下部叶片叶尖开始发黄,然后沿叶缘在叶脉间形成黄色斑点,叶缘逐渐干枯,并向内扩展至全叶呈灼伤状或坏死状,果实变小,叶片症状是从老叶到新叶,从叶尖向叶柄发展。

(2)原因　土壤中含钾量低或沙性土易缺钾。果实膨大需钾肥多,如供应不足易发生缺钾。

(3)防治措施　每 667 平方米施用硫酸钾 10～15 千克做

底肥。生长期出现缺钾症状可叶面喷洒 0.2％～0.3％的磷酸二氢钾或 1％草木灰浸出液。

4. 缺 钙

(1)症状　钙是一种难以转移的元素之一,缺钙症首先出现在幼嫩组织,如幼叶、生长点等。花期缺钙时,株型矮小,心叶生长严重受阻,顶端生长十分缓慢,顶芽枯萎,但下部仍保持绿色。引起果实下部变褐腐烂。后期缺钙时,叶片上现黄白色圆形小斑,边缘褐色,叶片从上向下脱落,最后全株叶片落光,果实小且黄或产生脐腐病。

(2)原因　施用氮肥、钾肥过量会阻碍对钙的吸收和利用;土壤干燥、土壤溶液浓度高,也会阻碍对钙的吸收;空气湿度小、蒸发快,补水不及时,都会发生缺钙。

(3)防治措施　根据土壤诊断,施用适量石灰,应急时叶面喷洒 1％过磷酸钙或 0.1％硝酸钙水溶液,每 5～10 天 1次,共 2～3 次。

5. 缺 镁

(1)症状　果实开始膨大时,靠近果实的叶片的叶脉间开始黄化,随后向叶缘、叶肉发展,但也有叶缘呈绿色,而叶肉黄化的现象。在生长的后期,除叶脉残留绿色外,叶脉间均变黄。严重时,果实以下叶片全部黄化、变褐、甚至坏死脱落。

(2)原因　地温引起根吸收不良,或大量施用含钾多的有机肥时易发生缺镁症。缺镁症多在土壤偏酸性的时候发生。

(3)防治措施　于叶面喷施 1％～2％的硫酸镁溶液,2 周内喷洒 3～5 次。适当减少钾肥施用量。对严重缺镁的地块,可施用镁素化肥。

6. 缺 硫

(1)症状　植株生长缓慢,株型矮小,分枝多,茎杆细弱、木质化且韧性差,叶片呈淡绿色至黄色,幼叶首先呈现黄绿色,根系少而短。

(2)原因　在棚室等设施条件下,长期连续施用非硫酸盐的肥料易发生缺硫病。

(3)防治措施　施用硫酸铵、硫酸钾、硫酸锌、过磷酸钙等含硫的肥料。应急时,可用 0.5%硫酸盐水溶液进行叶面喷施。

7. 缺　硼

(1)症状　缺硼时,心叶和顶芽黄化、凋萎。茎的顶端叶柄变脆,折断后可见中心部变黑,茎上有木栓状龟裂。茎叶易折断,落花落果严重。

(2)原因　中性到偏碱性土壤上易发生。

(3)防治措施　主要用硼砂。

① 基肥　每 667 平方米的用量为 0.3～0.5 千克,与有机肥或细土拌均匀,撒施于地面,深翻土中。有效期为 2 年。

② 叶面喷肥　选择可溶性的硼砂、硼酸等,喷施浓度为 0.05%～0.2%,以蔬菜生长前期(苗期)至花期喷施为宜。

③ 浸种　浸种一般采用 0.02%～0.05%的硼砂溶液。

8. 缺　铜

(1)症状　幼叶生长受影响,叶瘦小、顶叶呈罩盖状上卷。

(2)原因

①土壤有机质含量高　土壤有机质对铜有强烈的吸附作用,降低了铜的有效性,因此有机质含量高的土壤往往容易产生缺铜。有机质含量高的土壤主要有:泥炭土、沼泽土以及腐殖土等。此外,低温和干旱等影响土壤有机质分解的环境条件也容易诱发缺铜。

②土壤自身缺铜　此类土壤太要有砂质土、铁铝土、铁锈

土、碱性土壤及石灰性土壤等。

③离子拮抗　铵离子、铁离子和锌离子都拮抗铜离子的吸收。因此,在铵态氮肥施用量大时,常诱发缺铜。在含锌、铁较多的土壤上,辣椒也容易缺铜。

(3)防治措施　施用含铜的专用肥或每 667 平方米施 1.5 千克硫酸铜作底肥。生长期出现缺铜症状可于叶面喷洒 0.1%～0.5%的硫酸铜溶液。控制铵态氮肥的过量施用。

9. 缺锰

(1)症状　自新叶开始出现症状,逐渐向老叶发展,新叶的叶脉仍为绿色,但脉间呈现淡绿色。

(2)原因

①土壤缺锰　容易缺锰的土壤主要有:富含碳酸盐、pH 大于 6.5 的石灰性土壤,质地轻、有机质少的易淋溶土壤以及富含铁、铜、锌的土壤。

②不良气候　低温、弱光及干燥的季节,容易引起缺锰。

(3)防治措施　对严重缺锰的地块可用 1 千克硫酸锰作底肥。生长期出现缺锰症状可于叶面喷洒 0.05%的硫酸锰溶液。

10. 缺　锌

(1)症状　主要发生在植株分枝、现蕾初期。表现为生长点停止生长,叶尖和叶缘黄化,坏死部分增加,呈畸形生长,叶片变小,叶片、叶脉间出现褪绿斑点,严重时出现生长点枯萎现象,节间缩短形成簇生小叶,还会导致全株萎缩。

(2)原因　光照过强,或吸收磷过多易出现缺锌症,如果土壤 pH 值高,即使土壤中有足够锌,也不易溶解或被吸收。

(3)防治措施　土壤中不要过量施用磷肥,生产上可增施锌肥进行防治。一般施用硫酸锌,可采用土施、种子处理和喷施等方法。

①作基肥或追肥　一般每667平方米用1～2千克硫酸锌,与有机肥一起均匀地撒施地面,深翻土中,与土壤充分混合均匀。追肥最好采用条施或穴施,将肥料均匀施入沟或穴中,然后培土。

②叶面喷施　在苗期和旺盛生长期,连续喷施0.1%～0.2%的硫酸锌溶液2～3次,每次间隔7～10天。

③浸种　浸种浓度为0.02%～0.05%。拌种时每千克种子用硫酸锌2～6克为宜。

11. 缺　钼

(1)症状　果实膨大时开始在成熟的叶上出现,叶脉间发生黄斑,叶缘向内侧卷曲。

(2)原因　施用硝态氮时易发生。

(3)防治措施　主要用钼酸铵。由于蔬菜需钼量较少,且钼肥价格高,最常用的方法是种子处理。种子处理对矫正缺钼症状有明显的效果。浸种浓度为0.05%～0.1%,拌种每千克种子用3～5克。

12. 缺　铁

(1)症状　缺铁会造成光合作用的降低。铁还是叶绿素形成所必需的,缺铁会造成失绿症,使叶片变成白色或黄白色,嫩叶表现更为明显,仅叶脉残留绿色。

(2)原因　土壤碱性、多肥、多湿的条件下,容易出现缺铁症。

(3)防治措施　给作物补充铁元素一般采取根外施肥的方式。喷施浓度为0.05%～3.0%的硫酸亚铁溶液。如果采取土施的方法,一般应与有机肥混合施用,可以防止亚铁氧化,一般每667平方米施硫酸亚铁1～1.5千克。

四、辣椒的栽培方式

辣椒按种植方式分为露地栽培和保护地栽培。

(一)露地栽培

露地栽培有春露地栽培、越夏栽培、高山栽培和南菜北运栽培等形式。制干辣椒主要是露地春栽或夏栽,在河南等省栽培面积较大,已形成独特的栽培形式,其栽培技术也将单独列为一节予以介绍。

(二)保护地栽培

保护地栽培分以下几种栽培形式。

1. 春提前栽培 主要利用日光温室和塑料大、中、小棚进行春提前早熟栽培,该方式于初冬或中冬播种育苗,于春、夏季上市。上市期正值春季喜温蔬菜缺乏之际,有较高的经济效益。

2. 秋延后栽培 主要利用日光温室、塑料大棚进行栽培,在冬季供应市场。

3. 越冬栽培 于元旦和春节前采收上市,供应整个冬季,如管理得当,可以一直采收到第二年秋季。这种栽培方式的上市期正值寒冬蔬菜大淡季,经济效益甚高,因而栽培面积较大。越冬栽培正值气温最低的寒冬,需要保温性能良好的日光温室。

五、露地辣椒栽培管理技术

(一)春露地栽培技术

春露地栽培是继春提前辣椒上市后紧跟上市的一种栽培形式。一般从 6 月上中旬开始收获,一直可以收获到 10 月份。

1. 品种选择 春露地栽培依据栽培目的不同,可以分为以早上市为目的的露地早熟栽培和以越夏恋秋收获为目的的恋秋栽培两种情况。

露地早熟栽培应选用早熟或中早熟、抗性好和前中期产量高的品种;露地恋秋栽培应选用中晚熟或晚熟、结果多、果大、抗病、抗热、中后期结果能力强的品种,一些中熟品种也可以采用。可根据本地情况,选择本书所介绍的相应品种。

2. 播种育苗 春露地栽培的大田定植期应选在定植后不再受霜冻危害的时期,尽量早定植,以使辣椒早熟高产。定植期多在 4 月中下旬,从播种到发育成大苗,达到定植时要求的标准一般需 80～90 天的苗龄。适宜的播种期为 1 月上旬至 2 月上旬。全国其他地区见表1。

育苗场所选在日光温室、大棚内播种育苗。此时天气仍然寒冷,所有育苗设施都要提前覆盖薄膜增温,并准备好草苫,以备夜间覆盖,使播种后设施中温度白天保持在 20℃～28℃,夜间 15℃～18℃。

具体育苗方法参考第三章。

表 1　各地春露地辣椒的栽培季节　（月/旬）

地　点	播种期	定植期	采收期
广东、广西、云南	9/中	11/上	1/下～2/上
浙江杭州	10/下～11/上	4/上	6/上～7
上　海	11/中～12/上	4/上	6/上～7
北　京	1/中～1/下	4/下	6/中～9/下
辽宁大连	2/上	4/下～5/上	6/下～9/下
辽　宁	2/中	5/中	7/中～9
吉　林	3/中	5/下	7/中～9
黑龙江哈尔滨	3/上中	5/下	7/中～9

3. 整地施肥　用于春露地栽培，应选择在地势高燥、耕性良好、能排能灌的地块。因辣椒怕重茬连作，需要选择 2～3 年内未种过茄果类蔬菜和黄瓜的春白地，前茬作物以葱蒜类为最好，其次为豆类、甘蓝类等。冬前深耕、冻垡，以消灭土壤中的病虫害。由于辣椒生长期较长，底肥中需要以施用肥效持久的有机肥为主，并与无机肥配合均衡施用。每 667 平方米施充分腐熟优质农家肥 5 000～8 000 千克、尿素 15 千克、过磷酸钙 50 千克、硫酸钾 15 千克，施肥至少需要在定植前 7～10 天完成。重施有机肥，有利于增加后期产量。底肥的 2/3 要施于地面，然后耕深 25～30 厘米，反复耙平，剩余的 1/3 底肥在起垄前施于垄下，经浅锄使粪土掺匀后再起垄。

春露地栽培辣椒一般都采用宽窄行小的高垄栽培。具体方法是，定植前 5～7 天，按行距放线，宽行 60～70 厘米，窄行 40～50 厘米，放线后，在窄行内施肥，然后两边起土培成半圆形小高垄，垄高 10～15 厘米。

采用地膜覆盖栽培。春露地栽培覆盖地膜能增加表层 5

厘米地温 3℃～10℃,减轻水分蒸发,减少浇水次数,防止雨水和浇水对地面的冲刷,保持良好的土壤结构,提高土壤肥力,使辣椒增产 25%～50%,提早上市 5～8 天。所以,覆盖地膜是一项增产增收的重要措施。

4. 定植 辣椒不耐霜冻,应在当地终霜期结束后开始定植。河南省定植期多在 4 月中下旬。

选晴天定植。株距 35～45 厘米,早熟及中早熟品种定植密度可大些,中熟及中晚熟品种定植密度宜稀疏。定植前按株距踩出株距线,用栽苗小铲在株距线上铲破地膜,挖出部分土,将苗坨放入,并用挖出的土封好四周,不使风吹入膜内。栽植深度以土坨与畦面相平为宜,不可过深,否则地温低,通气性差,缓苗慢。可随即浇穴水,也可以在栽完后浇一水,最好在 10 时左右温度高时浇水。

5. 田间管理

(1)定植后至坐果前 此期管理上要促根、促秧、促发棵。定植后处于 4 月中下旬,地温、气温对辣椒生长而言仍较低。因此,应在 5～7 天缓苗后,结合浇水,追施 1 次提苗肥,每 667 平方米施尿素 10 千克。土壤见干时,及时中耕增温保墒,促进植株根系的发育。在缓苗至开花这一段时间,管理要促控结合,蹲苗不应过分。

(2)坐果早期 门椒开花后,严格控制浇水,防止落花落果。

大部分植株门椒坐果后,结束蹲苗。结合浇水,进行 1 次大追肥,每 667 平方米施尿素 20～25 千克,或腐熟人粪尿 1 000 千克,施肥后立即浇水。结合中耕除草进行 1 次培土。

(3)盛果期 一般早熟品种 6 月上中旬、中晚熟品种 6 月中下旬进入盛果期。进入盛果期时,气温也较高,不下雨时砂壤土 7 天左右要浇 1 次水,以晴天傍晚浇水为宜。可以 1 次浇清水,1 次追肥,每 667 平方米施尿素 10～20 千克。植株封行前可做浅中耕,并进行培土,防止结果过多而倒伏。因辣椒根系分布较浅,好气性强,培土不易过深,封行后不再中耕。除施大量元素外,辣椒对硼等微量元素比较敏感。据试验,在花期至初果期叶面喷施 2 次 0.2% 硼砂,可提高结果率。在苗期,封垄前及盛果期使用 0.05% 硫酸锌溶液在叶面上喷洒 3 次,可维持植株的正常代谢,增强植株抗病性,减轻病毒病的发生。有条件的可覆盖遮阳网,降低田间温度,以利于坐果。雨后及时排出田间积水。

地膜覆盖栽培,由于田间操作、风害等原因常会出现地膜裂口、边角掀起透风跑气的现象,不仅增加土壤水分蒸发,降低地温,而且还会使杂草得以滋生。因此,整个管理过程中要保护好地膜,发现破口和边角掀起要及时用土封压严。

8 月中旬以后,炎热季节过去,辣椒会再发新枝开花坐果,进入第二个结果高峰期,此时要恢复到第一个结果高峰期的肥水管理水平,7～10 天浇 1 次水,浇水结合追肥,后期还可以顺水追施稀粪,以保持植株健壮生长,实现恋秋成功。对于不能或不宜恋秋生产的早熟或中早熟品种,可以在第一个产量高峰期过后拔秧。

(4)整枝顺果　辣椒露地栽培,主要靠主枝结果,门椒以下的每个叶腋间均可萌发侧枝,不但消耗养分,影响早期坐果,还会影响植株的正常生长发育,降低产量,故应及时疏除门椒以下侧枝。辣椒结果多,产量高,株型高大,为防倒伏,应插杆搭架来固定植株。

辣椒坐果后,有的果实易被夹在枝干分杈处,受枝干夹挤后易变形。可在下午枝干发软时进行整理。

6. 采收 果实变深绿,质硬且有光泽为青果采收适期。如青果价低,红果价高,也可延迟采收部分红果上市。但应注意,为确保果实和植株的营养生长,前期果实要早采收,否则对产量的影响极大,应摘去已变硬、无发展潜力的小僵果和畸形果。

(二)露地越夏栽培

辣椒在春分至清明播种育苗,小满至芒种定植大田,立秋至霜降收获的栽培方式称为越夏栽培,又叫夏播栽培、夏秋栽培、抗热栽培。越夏栽培可与大蒜、油菜、小麦等接茬种植,也可与西瓜、甜瓜、小麦间作套种,充分利用土地资源,增加复种指数,越夏辣椒生产,结果盛期正值9～10月份,气温较低,不宜腐烂,便于鲜果长途运输,经过短期贮藏,又可延至元旦、春节供应市场。

1. 品种选择 越夏栽培辣椒主要供应夏、秋季节,由于气温高、湿度大,容易引发病害,造成减产甚至绝收。所以要选用耐热、抗病、大果、商品性状好、产量高的中晚熟和晚熟辣椒品种,一些抗性好的中熟品种也可选用。如外销,还应选择肉厚耐压、耐贮运品种,如郑椒16号、湘椒37号。

2. 播种育苗 在一般情况下,辣椒从播种育苗到现蕾开花需60～80天,但在气温较高的夏季,所需时间会相应缩短。与大蒜、油菜等接茬种植或与西(甜)瓜、小麦套种的,一般于3月中下旬育苗,接麦茬定植的,一般于4月上旬播种育苗。其他地区见表2。苗床设在露地,不过育苗前期温度低,需要覆盖小拱棚,待晚霜过后撤除。

为了减少分苗伤根,缩短非生长期,防止引发病害,一般采用一次播种育苗的方法,因此需要稀播,出苗后再进行2～

3次间苗,到1～2片真叶时定苗。苗距12厘米左右,每穴留苗数依栽培方式而不同,与大蒜、油菜、小麦等接茬种植的,每穴留1株健壮苗,与瓜套种、与麦套种的留2株。

表2　各地夏栽辣椒的栽培季节　(月/旬)

地　区	播种期	定植期	采收期	育苗方式
华北地区	4/下～5/上	6/中下	8/上～10/上中	露　地
长江中下游地区	3/上	5/中～6/上	6/下～10/下	冷床或小棚
华南地区	4/下	6/下	8/上中～9/下	露　地

幼苗有干旱缺水现象应及时浇水,浇水时可施入少量肥料以促苗生长。定植前1～2天浇1次水,有利于带土起苗。

3. 定植　与大蒜、油菜、小麦等接茬种植的,应做到抢收、抢耕、抢早定植。前茬作物收获后,要立即灭茬、施肥、耕地、做畦和定植。由于辣椒怕淹,应采用小高畦栽培,但不用覆盖地膜,苗栽在小高畦两侧近地面肩部,以利于浇水和排水。可等行距定植,最好是宽窄行交替定植,便于管理。宽行,辣椒70～80厘米,甜椒60厘米;窄行,辣椒50厘米,甜椒40厘米。穴距:辣椒33～40厘米,每穴单株;甜椒25～33厘米,每穴双株。夏季气温高,易发生病毒病,所以越夏辣椒应适当密植。特别是甜椒,密度大,枝叶茂,封垄早,可较好地防止日烧病,而且可降低地温1℃～2℃,保持地面湿润,形成良好的田间小气候,有利于植株正常生长发育。定植前每667平方米要施腐熟优质农家肥5 000千克,过磷酸钙50千克,硫酸钾25千克作基肥。

与西(甜)瓜套种的,西(甜)瓜应选用早熟品种,并实行地膜覆盖栽培。辣椒苗套栽时间可安排在西(甜)瓜播种后的30天左右。方法是:每垄西(甜)瓜套栽2行辣椒,即在两株西(甜)瓜之间的垄两侧破膜打孔各定植1穴辣椒。

与小麦套种的,小麦一般是大田 2～2.2 米一带,播种 2 行麦,留 0.8～1 米宽空畦以供定植辣椒。于 5 月上中旬定植,在所留空畦中平栽 2 行辣椒,穴距 50 厘米,每穴 2 株,窄行行距为 60 厘米,宽行行距为 1.5～1.6 米。定植时按穴距挖穴栽苗。

选阴天或晴天 15 时后进行,尽量减轻秧苗打蔫。起苗前一天给苗床浇水,起苗时尽量多带宿根土并防止散坨,尽量减少伤根。栽后立即覆土浇水。缓苗期需要连浇 2～3 次水,以降低地温,加速缓苗。

4. 田间管理 越夏辣椒定植后,合理浇水,科学施肥,促使早缓苗、早发棵、早封垄,是夺取高产的基础。

定植后若天气干旱,应及时补浇缓苗水。缓苗后追一次提苗肥,每 667 平方米施磷酸二铵 7～10 千克,促使苗早发棵,但追肥量不能大,过多易引起徒长。缓苗后应及时进行 1 次中耕,以破除土壤板结,增加根系吸氧量,促进壮苗,预防徒长。

夏季气温较高,不下雨时砂壤土 7 天左右浇 1 次水。宜在傍晚时浇凉井水,可将田间温度从高温降至适宜,而且以后几天仍有降温效果;不宜在白天温度高时浇水,高温时浇水田间温度很快回升,辣椒易发生病毒病等影响生长。浇水的原则是:开花结果前适当控制浇水,保持地面见干见湿;开花结果后,适当浇水,保持地面湿润。湿度过高或过低都易引起落花落果,对果实发育不利。暴雨后及时排水,避免田间积水。如天热时下雨,雨后应及时浇凉井水,俗称"涝浇园",可降低地温,减少土壤中二氧化碳含量,增加氧气含量,有利于根系发育。若雨水太多,叶色发黄时,应及时划锄放墒,且叶面喷施磷酸二氢钾,增强植株抗逆性。

盛果期可以结合浇水追肥 3～4 次,每次每 667 平方米施尿素或磷酸二铵 10～20 千克。生长的前中期要及时进行中耕锄草培土,坐果后不宜中耕,以免发生病害。秋分以后,气温逐渐降低,果实生长速度减慢,注意追施速效肥料,结合浇水每 667 平方米施磷酸二铵 15 千克或尿素 10 千克,并注意叶面喷施磷酸二氢钾和微量元素肥料,保证后期果充分发育。

越夏辣椒,门椒、对椒开花坐果期正值高温多雨季节,为防止因高温多雨引起落花落果,可在田间有 30% 的植株开花时开始,用 25～30 毫克/千克番茄灵处理,每 3～5 天处理 1 次。方法是用毛笔蘸药液涂抹花柄或雌蕊柱头,或手持小喷雾器喷花亦可。但要注意不要把药液喷到茎叶上,避免产生药害。8 月中旬以后气温降低,不再使用。据试验,花期喷 0.2% 磷酸二氢钾液也可产生明显效果。

盛夏高温季节,气温较高,空气湿度低,土壤蒸发量大,为防止土壤水分过分蒸发,宜在封行之前,高温干旱未到之时,利用稻草或农作物秸秆等,在辣椒畦表面覆盖一层,这样不但能降低土壤温度,减少地面水分蒸发,起到保水保肥的作用,还可防止杂草丛生。另外,夏、秋季易下雨,下大雨时还可减少雨水对畦面表土的冲击,防止土表的板结。通过地面覆盖的辣椒,在顺利越夏后,转入秋凉季节,分枝多,结果多,对提高辣椒产量很有好处。覆盖厚度以 3～4 厘米为宜,太薄起不到覆盖效果,太厚不利于辣椒的通风,易引起落花和烂果。

5. 采收 门椒要及时采收,以免过度吸收养分、影响植株挂果,减少产量。甜椒一般是青果上市,而辣椒在果实深绿、质硬有光泽时及时采收。红果价钱高时也可采收部分红果。冬贮保鲜的,则必须采摘青果,以延长保鲜期,霜降前应一次采收。

(三)高山栽培技术

根据山区夏季气候较凉爽的特点,于夏季高温季节在高山种辣椒,能获得较好的生产效果。特别是甜椒,由于不耐高温,易感染病毒病,在中原地区的城市近郊和平原地区,很难越夏。在7月中下旬后,主要依靠从夏季冷凉地区,如山西的长治、河北的张家口等地贩运。而我国河南、山东、安徽等省的一些高山区,夏季气候也比较冷凉,完全适合甜椒的生长和开花结果,不少地方已经在高山区建立了夏季生产基地。利用高山区气候资源优势,发展高山蔬菜,已成为加快山区农村经济发展,促进农业增效、农民增收的重要途径。

有条件的可立体区划:海拔400～600米的高山种耐热性、适应性强的制干椒,600～800米种鲜食辣椒,800米以上种甜椒。一般4月份播种育苗,6月上中旬定植,7月下旬至10月份采收。海拔高、早熟品种,播种期应适当提前;海拔低、中熟品种,播种期则相应推迟。栽培技术可参考春露地及越夏栽培。

高山地区大部分土壤有机质含量低,是较为贫瘠的土壤,增施农家肥是改良土壤、提高土壤肥力的较好办法,适当施用化肥也是必要的。

(四)南菜北运栽培技术

我国传统的辣椒栽培多为春季定植,夏秋采收,而在冬春季,我国广大地区不适于辣椒生产,市场上鲜椒供应处于淡季。随着商品经济的发展、交通运输的方便和栽培技术的提高,近几年来,两广、云贵、海南等地的菜农利用当地冬季气温高,霜冻少,适于辣椒生长的有利条件,开展冬季辣椒生产,然后输送到全国市场,缓解了淡季鲜椒供应的矛盾,同时获得了较好的经济效益,这些地区已逐渐成为冬季辣椒生产的基地。

1. 品种选择 因辣椒生产是以集中栽培,外向型销售为特点,故应选择耐贮藏运输、产量高、品质优、商品外观漂亮的品种,而且辣椒是基地化、规模化生产,轮作条件有限,而气候条件又比较优越,这也有利于病虫害的发生。为此,在选择品种时,对其抗病性也要有较多的考虑。目前,生产上种植比较普遍的辣椒品种有宁椒 7 号、查理皇、湘研 9 号、湘研 5 号、湘研 9401、湘研 3 号、新丰 5 号、9919、农丰 41 号、茂椒 4 号、海丰 14 号、中椒 13 号等,甜椒品种有中椒 11 号、中椒 5 号、京甜 5 号等。

2. 播种育苗 要使苗期避开高温季节,在海南岛还要避开台风季节。为使初果期避开"三九天",还要使盛果期处于春节前后供应淡季市场。因此,一般于 8 月上中旬播种。苗床地要求精耕细作,营养土充足,并经过消毒处理。苗床周围应设排水沟,防止积水。每 667 平方米用种量约 50~80 克。播前将种子浸泡 8 个小时,可促进种子出芽和出芽整齐。播种覆土后,再盖上一层稻草或遮阳网,以保持土壤湿润。播后应每天检查土壤是否湿润,土壤湿度不够要及时浇水,防止土壤发干和幼芽干枯。经过 4~6 天,幼苗即可出土 90%。幼苗出土后,应及时揭开稻草和遮阳网。由于 8 月份气温较高,要经常浇水,保持床土湿润,浇水应在早晨或傍晚进行,避开中午高温。为防土壤板结,要及时中耕除草。前期一般不要追肥,以苗床营养土养分为主,若发生缺肥时,可结合浇水,施入适量的氮、磷、钾三元复合肥 1~2 次,每 10 平方米的幼苗施用量为 100 克,浓度为 2‰~3‰。幼苗生长至 3~4 片真叶,即出苗后 20 天左右,分苗 1 次。分苗床幼苗要增加施肥次数,每隔 5～7 天追施 1 次,浓度与用量同播种床。苗期病害较少,主要是及时浇水防旱和喷洒杀虫剂防治蚜虫等害虫。

3. 土壤准备

(1)土壤选择　辣椒忌连作,选择前茬作物为水稻较为合适。刚开垦出来的土壤较贫瘠,大规模生产蔬菜,有机肥供应不能满足生产的需要。因此,要选择经过多年种植的熟土,土壤肥沃,土质结构疏松,保肥、保水、散水性好,周边设有排水沟保证不积水,又要有灌溉抗旱的水源。

(2)整地做畦　定植前要施足基肥。整地必须精细,经两犁两耙后起土做畦,畦宽含沟 0.9～1.2 米,每畦定植 2 行,畦内行距 30 厘米左右,株距 20～30 厘米。

4. 定植　10～11 月上旬均可定植,以苗龄 50 天左右的幼苗较合适,栽植的密度可适当加大,株距 20～30 厘米,每667 平方米栽植 4 000～6 000 株,促使辣椒集中挂果,以便集中供应。椒苗要带土移植,定植后浇足定根水,可保证成活率。

5. 田间管理

(1)及时除草中耕　由于两广、海南等省、自治区一年四季气温较高,气候适宜,因此,杂草种子很少休眠,而且发生快,如不及时进行除草,可能会造成草荒,增加除草难度;由于杂草丛生,造成植株透气性差,生长瘦弱,病虫滋生,导致大规模病虫害发生。病虫害药剂防治效果不佳,茂盛的杂草往往成为病虫躲避药剂的场所,故每隔 4～6 天应进行一次除草,使杂草在萌芽状态时就被清除。结合除草要进行中耕,特别是雨后初晴,更应中耕松土,增加土壤的孔隙,防止板结。一方面有利于氧气进入,有害气体散出;另一方面保证浇肥、浇水的顺利进行,肥水不致因土壤板结而流失,可大部分渗透、吸收供给根系。

(2)加强肥水管理　冬季栽培辣椒是以抢淡季、集中供应为特点,它要求辣椒在短期内供应市场,采收期比常规栽培应短。如果拉长采收期,虽然有较高的产量,但在 5 月份以后,全国各地大部分早熟辣椒已上市,此时海南岛、两广等省、自治区的辣椒也运送到内地,价格竞争力不强,从而失去栽种的意义。经过贮藏运输的辣椒商品性不如当地即采即卖的好,成本费用也较高,在 5 月份以后采收的这部分辣椒经济效益不是很好,故应加强肥水管理,促进植株生长发育,集中开花结果,促进果实快速膨大,争取在淡季供应市场,以获取较高的效益。

一般在缓苗后 3 天左右,在植株之间的行内开浅沟,撒施复合肥,每 667 平方米 10 千克。在开花之前沟埋 2 次,然后覆土浇水,老化弱小的幼苗,可用 0.003% 的九二〇淋蔸提苗,效果明显。植株开花坐果后及每次采收后,可用沟埋施肥的方法施复合肥和钾肥,供果实膨大和抽发新枝、开花、坐果,每 667 平方米每次施复合肥 5 千克,钾肥 5 千克。施肥时注意,不要将肥料弄到植株上和距离根际太近处,以防伤及叶和根。在植株封行后大量挂果时,沟施肥效果慢时,可进行叶面追肥,在无大风、阴天时喷施 0.3% 的磷酸二氢钾或叶面宝、喷施宝,也可一起混喷。两广、海南冬季雨水较少,气候干燥,土壤湿度低,应注意灌溉防旱,一般每隔 4~6 天灌 1 次跑马水,起到降温保湿、加速果实膨大的作用,灌水速度要快,即灌即排,水面不超过畦面。

6. 南菜北运栽培存在的问题　两广、海南等省、自治区气候适宜,病虫周年繁殖,由于辣椒规模生产,轮作有限,造成病虫害易于流行发生。经过多年生产的老基地,因辣椒效益好,许多菜农不惜加大施药量防治,不仅造成许多天敌死亡,而且使病虫害抗药性增强。农药更新换代的速度跟不上,于是菜农更加加大施药次数和浓度,不仅造成环境污染,而且杀死更多的天敌,病虫害抗药性更强,形成恶性循环。

应对措施:在冬季辣椒生产基地建立专门的病虫害预测预报站,预测病虫害的发生动态和制定相应防治措施,统一行动;同时进行病虫害防治,防止病虫害转移危害,不要存在防治死角;尽量采用生物制剂;在病虫害发生的初期进行防治,要治理彻底,不留隐患;对于迁飞性害虫,可用人工诱杀的办法,如黑光灯诱蛾、黄板诱蚜进行防治。

(五)制干辣椒栽培技术

制干辣椒是以采收成熟果实,加工成干制品为目的进行栽培的品种,主要是露地春栽和露地夏栽。制干辣椒主要栽培类型为朝天椒类型和线椒类型,朝天椒类型在我国栽培面积较大,并形成了其独特的栽培技术。下面以朝天椒为主,介绍其栽培技术。

1. 朝天椒生产中存在的误区

(1)自己多年留种,品种混杂退化　菜农多为一次性购种,自己多年留种种植,并且不进行株选,致使田间杂株率达30%以上,造成果形长短不齐,色泽不匀,病虫果也较多。

改进措施:应选用日本枥木三樱椒、子弹头、天鹰椒、内椒1号和柘椒系列等品种。若自己留种,则应在拔秧前选择株型紧凑、结果多而集中、符合本品种典型性状的植株,株选最多可进行2年。

(2)大田栽培忽视摘心　朝天椒的产量主要集中在侧枝上,据测算,主茎上的产量约占10%,而侧枝的产量占90%,

主茎结果时,植株太小,既影响生长又影响结果。

改进措施:当植株顶部出现花蕾时及时摘心,以限制主茎生长,增加果枝分枝数,提高单株结果率和单株产量。

2. 播种育苗 春栽 2 月下旬至 3 月上旬播种育苗,夏栽 3 月下旬至 4 月上旬播种育苗(全国其他部分地区栽培季节见表 3),苗龄 60～70 天。每 667 平方米需种子 150～200克,大多采用小拱棚育苗。每 667 平方米需备苗床 8～10 平方米。育苗技术可参考前述有关部分。注意春播的夜晚薄膜上要盖草苫约盖至 3 月 25 日,以后只盖薄膜。如出苗过密,到 3～4 片叶时可分苗 1 次,1 穴双株分苗。

表3 制干辣椒的栽培季节 (月/旬)

地 区	栽培形式	播种期	定植期	采收期
河北、天津	春栽	3/上中	5/上中	9～10
	夏栽	4/中	6/中	10
河南内乡、淅川	春栽	2/中下	4/中下	8/下～10
	夏栽	3/下～4/上	6/上	10
陕西宝鸡、咸阳	春栽	2/下～3/中	4/下～5/中	8/下～9
长江中下游地区	春栽	2/中	4/中	
	夏栽	4/上	5/中～6/上	

3. 定 植

(1)整地施肥 朝天椒对土质要求不严格,沙土、壤土、黏土均可种植,但以偏酸性的黏壤土和壤土比较适宜朝天椒的生长。种植地块应选择地势高燥、排水方便的肥沃生荒地。春栽朝天椒,前茬作物收获后,立即进行秋耕晒垡,土壤封冻前浇冻水,水量要大,以消灭土传病虫害。翌年春天在土壤解冻后,进行春耕并立即施入基肥,耕深 15 厘米左右,耕后反复耙地,以利于保墒。夏季接茬栽培的,要做到随收,随耙,随做畦,争取早定植。

施肥应以底肥为主,追肥为辅;有机肥为主,化肥为辅。肥力较好的地块,每667平方米施充分腐熟的优质农家肥3 000千克、碳酸氢铵40千克、过磷酸钙50千克、硫酸钾30千克;中等肥力的地块可每667平方米施农家肥4 000千克、碳酸氢铵50千克、过磷酸钙50千克、硫酸钾25千克;肥力差的薄地可每667平方米施农家肥5 000千克、碳酸氢铵60千克、过磷酸钙50千克、硫酸钾20千克。

(2)间作套种　朝天椒与其他作物的间作套种形式主要有以下几种:

①春薯间作朝天椒　春薯1.33~1.5米1垄,甘薯的移栽时间、栽培密度同常规。垄中间栽1行朝天椒,株距16.7厘米,每667平方米可栽2 000株左右,在基本不影响甘薯产量的情况下,产干椒150千克左右。

②西瓜间作朝天椒　西瓜2米1行,移栽时间与密度同常规。在西瓜行间套种2行朝天椒,行距0.33米,株距16.7~26.6厘米,每667平方米栽2 000株左右,可收干椒150千克左右。

③甜瓜间作朝天椒　甜瓜1.33米1行,种植时间和密度同常规。在甜瓜行间套种1行朝天椒,株距16.7厘米,每667平方米栽2 000棵左右,可收干椒150千克左右。

④朝天椒与大蒜套种　9月中下旬在朝天椒行间套种大蒜,蒜的株距为10厘米,每667平方米可栽大蒜2万株,降霜以后,拔掉朝天椒,让蒜继续生长。翌年4月下旬,在大蒜行间套种朝天椒,株距23厘米,每667平方米栽7 000~8 000株,变1年1熟为1年2熟。

⑤幼龄经济林间作朝天椒　幼龄苹果、杜仲、梨、桑等均可间作朝天椒。根据树龄和遮荫程度,在大行里间作 3～4 行朝天椒,基本不影响经济林生长,每 667 平方米可增收朝天椒 100～150 千克。

⑥夏栽朝天椒与玉米间作　以 2.6 米为 1 带,种 7 行朝天椒,1 行玉米。朝天椒行距 30 厘米,株距 20 厘米,每 667 平方米 8 974 株;玉米株距 20 厘米,每 667 平方米 1 282 株。

(3)种植方式

①平畦作　畦南北向,畦宽 1.5～2 米,畦长 10～15 米,行距 50 厘米。

②高畦作　畦高 15～20 厘米,畦宽 70～80 厘米,沟宽 30～40 厘米,每畦 2 行。此法只在沟中浇水,多在地下水位高或排水不良地块采用,但盐碱地不宜采用。

③垄作　垄距 50～60 厘米,垄高 15 厘米,每垄栽 2 行。此法有利于加厚耕作层,且排灌方便,是目前主要的种植形式。

(4)定植　朝天椒 10 片真叶时移栽,春栽在 4 月中下旬,夏栽在 5 月中下旬至 6 月上旬。朝天椒植株直立,株型紧凑,合理密植是夺取高产的关键。要根据地力条件合理掌握栽植密度。肥力较差的地块每 667 平方米 5 000 穴,10 000 株左右;肥力中等的地块,每 667 平方米定植 4 000 穴,约 8 000 株;肥力高的地块 3 000～3 500 穴,6 000～7 000 株最为适宜。宜选择在晴天 15 时以后或阴天进行定植。栽前 1～2 天浇 1 遍水,采取边起苗、边移栽的方式。平畦作栽植的,定植时先按 40 厘米行距开沟,沟深 8～10 厘米,苗栽在沟中,每畦栽 3～4 行,穴距 33 厘米;高畦作或垄作栽植,一般是刨坑移栽,穴距 33 厘米。定植后要立即浇活棵水。

4. 田间管理

（1）浇水　定植缓苗后，一般每 5～7 天浇 1 次水,保持地皮有干有湿；植株封垄后,田间郁闭,蒸发量小,可 7～10 天浇 1 次水。有雨时不浇,保持地皮湿润即可,雨后要及时排水。进入红果期,要减少或停止浇水,防止贪青,以促进果实转红,减少烂果。

（2）追肥　结果前结合浇水要追肥 1 次,每 667 平方米施尿素 15 千克。朝天椒在摘心后,进行第二次追肥,每 667 平方米施尿素或复合肥 20～25 千克。侧枝大量坐果后,进行第三次追肥。后期要控制追肥,特别是控制氮肥的用量,以防植株贪青,影响果实红熟。

（3）中耕培土　缓苗水后,地皮发干时要及时中耕松土,促进根系发育。浇水和降雨后要及时中耕,以防土壤板结。封垄以后不再进行中耕。整个生育期一般需要中耕松土 5～6 次。结合中耕还要进行培土,共培 2～3 次,以维护植株,促进不定根的发生。

5. 采收和晾晒　朝天椒果实红熟的标准是：色泽深红,果皮皱缩,触摸时发软。采收的方法是充分红熟 1 批采收 1 批。在降霜或拔秧前青果尚多时,可在采收前 7～10 天用 1 000 倍乙烯利溶液喷洒,有利于辣椒的催红,可大大提高红果率。

采收后要及时晾晒,防止出现霉变。晴天采后最好放到水泥晒场铺放的干草帘上晾晒,一般昼晒夜收。晒过 4～5 天后,再放到架空的干草帘上晾晒 1 天,以达到充分干燥,含水量达到 14％以下为宜。

6. 制干辣椒生产易出现的问题　干辣椒生产近收获期或晾干后,出现褪色个体称"虎皮病"。虎皮病的症状分 4 种情况：一是一侧变白，变白部分界限不明显，内部不变白或稍带黄色，无霉层；二是微红斑果，病果生有褪色斑，斑上稍发红，果内没有霉层；三是橙黄花斑果，干辣椒表面呈斑驳状橙黄色花斑，病斑中有的有一黑点，果实内生有黑灰色霉层；四是黑色霉斑果，干辣椒表面具有稍变黄色的斑点，其上生有黑色污斑，果实内有时会见到黑灰色霉层。

造成"虎皮病"的原因既有生理原因，也有病理原因。大多是因为在室外贮藏期间，夜间湿度大或有露水，白天日光强烈，在强光下不利于色素的保持。另外，炭疽病或果腐病也能引起"虎皮病"。

预防辣椒"虎皮病"，应从以下几个方面采取措施：

（1）选用抗炭疽病的辣椒品种。

（2）加强对炭疽病、果腐病的防治。

（3）选用成熟期较集中的品种，以减少果实在田间暴露的时间。

（4）及时采收成熟的果实，避免在田间雨淋、着露及曝晒。

（5）利用烘干设备，及时烘干。

六、保护地辣椒栽培管理技术

（一）保护地栽培管理的误区

1. 错误地认为留苗多产量高　很多菜农在留苗时都想多留几株，栽密些，认为苗多能促高产。其实，由于冬季气温低，光照弱，光合作用差，碳水化合物合成少，密植反而产量低。植株还会因争阳光而向上徒长，导致通风不良，易传染各种真菌、细菌性病害。因此，只有合理密植才能高产。越冬辣椒以合理稀植为好;为了充分利用空间,可采取前期密植,中期疏株,后期疏枝的管理办法,以叶枝不拥挤为标准,来提高日光温室、大棚生产的总产量和总效益。

2. 错误地认为温度高长得快　不少菜农简单地认为,建温室、大棚的目的是为了保温,温度高辣椒才长得快。其实辣椒对温度有上限要求,一般为 25℃～32℃,温度过高抑制长幼果,会出现果实断层;同时温度过高,呼吸作用强,造成机体运行、生理活动紊乱,使株体徒长,株蔓生长和生殖生长不平衡,产量下降。可在温室、大棚设置二道放风口,遇高温时及时降温;严格按辣椒生长期所需温度和各个器官生长期适温要求管理,防止高温长蔓而不长果。

3. 错误地认为株蔓旺生长势好　多数菜农认为株蔓旺是好现象,其实水多叶旺根浅,可导致营养不全产量低,营养生长过旺必然影响生殖生长,产量反而降低。因此,可在幼苗期掌握弱株深根,控水控株促根。要保证前期有一定的同化叶面积,后期控蔓,促果,提高产量。

(二)保护地栽培存在的问题

1. 连作障碍　利用棚室设施条件进行辣椒、甜椒反季节栽培,产品效益高。连年种植,3～5 年后常常出现植株生长发育不良,造成幼苗枯萎、烂根,生长点及新生枝发育不正常,不能伸长,易落花落果,结果少或不结果,多种病害并发,严重时造成整个塑料大棚或日光温室绝收。长期连种同一种作物后,容易引起连作障碍,其原因归纳起来有五大类:

(1)营养不足　多年种植同一作物后,该作物对某一元素连年消耗,特别是不注意补充微量元素,就容易造成营养不足。

(2)土壤结构及酸碱度发生变化　长期连作后使土壤腐殖质含量降低,土壤团粒结构遭到破坏,土壤中的微生物群体改变可能导致土壤酸碱度变化。

(3)病虫害基数加大　特别是土传病害及地下害虫由于多年连作而积累,容易引起某些病虫害的突发性大发生。

(4)盐类积累　由于长期连作及不当栽培管理和偏向施肥,因而土壤养分容易流失,盐分容易积累,加上为了追求高产,过度施用化学肥料,严重的可形成盐碱地。

(5)毒性增加　作物根系分泌有毒物质,微生物释放出有毒物质,化学农药、化学肥料及化学激素施用后也可能产生残留物;多年连作,当土壤环境中毒素含量达到某一临界值后,就会引起毒害作用。

连作障碍目前在棚室栽培辣椒、甜椒上愈来愈重,它是综合性原因所致,因此,必须采取综合防治的措施才能达到一定的效果。

改进措施:

(1)合理轮作　这是防止连作障碍最有效的办法,可采取与豆科、葱蒜类、禾本科作物的轮作,或者与水田轮作。

(2)提高土壤肥力　适时适度种植绿肥,增施腐熟有机肥,增加土壤有机质,保持土壤团粒结构和营养的全面供给。

(3)施用土壤中和剂　当土壤连作后偏酸时,适度施入石灰并配合施用有机肥,既可改变土壤酸度使之接近或达到中性,又可改善土壤环境,从而使某些有害菌不能生存,有减轻病害的效果。

(4)采用配方施肥技术　合理浇水,根据种植作物对某些元素的需求特点,采用科学配比施肥方法和技术,补充营养元素,特别是提倡施用复合肥、微量元素肥及微生物肥料。

（5）灭菌灭虫　采收完毕拔秧时，认真彻底清洁和清理棚室，烧毁残枝、病叶、病果等，减少病虫害的初侵染源，同时每100立方米棚室空间用250克硫黄粉加500克锯末掺匀后密闭棚室点燃熏蒸48小时，对病、虫均有很好的杀灭和预防效果。

（6）及时采收　及时采收，并且尽量减少人为及机械造成伤口，采收过后及时补充适量的养分，有利于下面果实的发育和膨大。

2. 落花、落果　落花、落果是塑料大棚和日光温室生产辣椒、甜椒的重要问题，具体表现是花蕾梗、花梗和幼果的果梗发黄变软，花蕾、花和幼果脱落，中、大果上起初是果梗上出现铁锈色的长短不一的条斑或不规则斑，随后果实逐渐脱落。病因不同，脱落速度有一定差异。根据实际经验总结归纳起来，引起棚室辣椒、甜椒落花、落果的原因有六种：

（1）选用品种不对路，不适合棚室条件下栽培。

（2）播期不适宜，开花结果期正好处于全年的最低温度，棚室内气温低于15℃，虽然能开花，但因花药不能散粉或散粉不好造成落花、落果；或者开花结果期气温高于35℃，花粉容易失去活力，也容易造成落花、落果。

（3）辣椒、甜椒生长期间特别是开花结果期遇5天以上的连绵阴雨天气，造成棚室内光照严重不足；或者定植后为了快速发苗，采取闷棚室多浇水的办法，导致营养生长过旺，营养生长与生殖生长失调导致落蕾、落花、落果。

（4）土壤中严重缺磷、缺钾或缺硼，容易引起落蕾、落花，或者施肥过多及施用未充分腐熟的有机肥造成烧根，也容易引起落花、落果。

（5）辣椒、甜椒生长期间水分供应不均，也容易造成落花、落果。

（6）病虫危害也是引起落花落果的原因之一，特别是近年来病毒病危害辣椒生产而造成的大面积落花、落果的现象日益严重。

3. 畸形果越来越多　辣椒、甜椒畸形果是指辣椒、甜椒果实不同于固有的正常果形，果子僵小、皱缩、扭曲等，果实中种子极少或没有，从而失去商品价值。近年来，利用塑料大棚和日光温室进行辣椒、甜椒反季节栽培，为了追求延迟或提早上市，秋冬延后栽培的辣椒、甜椒在结果后期，夜间温度低于15℃，春提早栽培的辣椒、甜椒在结果早期，夜间温度也不能达到15℃，花粉发育不好，受精不完全，使果实不能正常膨大，从而导致大量的畸形果。产生畸形果的另一个重要原因，就是病毒病愈来愈重，特别是苗期病毒病较重，经过一段时间的防治有所控制，随着植株的长大、抗性的增强，症状有明显缓解，但是，在进入开花结果期病毒病又有所抬头，影响花粉发育，导致受精不良，造成大量畸形果的产生。

4. 冷害和冻害　冷害是指棚室辣椒、甜椒在生长发育过程中遇有冰点以上较低温度而产生的不正常生理现象。表现为叶绿素减少，植株生长缓慢，叶尖、叶缘出现水渍状斑块，叶组织变成褐色或深褐色，严重时导致落叶、落花和落果。冻害是指棚室辣椒、甜椒生长发育阶段遇有冰点以下温度而造成幼苗受冻的症状。壮苗可能产生叶片萎垂，短时间不会死亡，一般苗和弱苗常常会冻死。进入挂果期的植株上的果皮往往失水皱缩，容易造成腐烂。

棚室栽培辣椒或甜椒，一旦受到低温袭击，往往很难补救，造成很严重的损失。因此，对待冷害和冻害，应制订综合预防措施。

（1）选用耐低温适合于塑料大棚和日光温室栽培的优良

品种,如苏椒5号、甜杂6号、早杂2号和豫椒5号等。

（2）根据地区的气候特点,科学地适时播种、定植。

（3）施足充分腐熟的有机肥,保持土壤疏松,提高地温。

（4）培育壮苗,增强幼苗的抗病能力。

（5）关注天气变化,遇有冷空气袭击出现大幅度降温天气,做好保温加温工作。

（6）一旦发生冻害,只能通过调节棚室的温度来减轻损失,但应避免升温过快。

（三）春提前保护地栽培

1. 品种选择　春提前栽培是以早熟高产为主要目的。早上市价格较高,应选择早熟或中早熟品种;又因保护地种植要选用耐弱光、在低温下能正常生长发育且又不易徒长、连续坐果能力强的高产品种;同时,果实的商品性要好,果色和风味适合当地人的消费习惯。本书第二章介绍的早熟及中早熟品种均可选用。

2. 栽培、育苗设施及时间　春提前辣椒栽培要争取早熟高产,要求早育苗、育好苗、育大苗,以达到早熟、早上市、效益高的目的。

春提前栽培育苗正值寒冬季节,温度条件很低,极易发生烂种、死苗现象。为确保温度适宜,出苗整齐,育苗场所应选在日光温室内,或利用日光温室、塑料大棚等设施内铺设的电加温线温床育苗。上述场所要提前覆盖好塑料薄膜,还要配备好防寒的草苫,日光温室还需备好加温的炉灶和火道烟筒。

栽培时间因利用的设施不同而异。表4、表5为我国各地日光温室、大中棚栽培季节时间表。

表4　春提前日光温室辣椒栽培季节　（月/旬）

地　区	播种期	定植期	采收期	育苗场所
京、津地区及 河北中南部	11/上～11/下	2/上～2/中	3/下	日光温室
辽南地区	12/上	3/中	4/上	日光温室
西　安	10/下	12/中～12/下	3/中	日光温室
山　东	11/上	2/上	3/上	日光温室
开　封	10/下	1/下～2/上	2/下	日光温室

表5　春提前大中棚辣椒栽培季节　（月/旬）

地　区	栽培方式	播种期	定植期	采收期	重新 扣膜期	育苗 场所
北　京	长期	11/下～12/下	3/下～4/上	5/上～11/中	9/中	温　室
哈尔滨	长期	1/上～1/下	4/下～5/上	6/上～11/上	8/下	温　室
呼和浩特	长期	1/上～1/下	4/中	6/上中～10/中	9/上	温　室
太　原	长期	1/上～1/下	4/上中	6/上中～11/中	9/上	温　室
上　海	长期	11/上中	3/下	4/下～12/下	10/下	大棚、阳畦
南　京	早熟	10/下～11/上	3/上	5/上中		大棚、阳畦
武　汉	早熟	11/下	3/上	5/上中		大棚、阳畦
天　津	早熟	12/中下	3/下	5/上中		温　室

　　中原地区利用保温性能良好的日光温室栽培时，定植时间为1月中下旬至2月上中旬。育苗播种期因苗床而异，利用电加温温床育苗，温度条件适宜，苗龄70～80天；利用冷床育苗，温度条件较低，苗龄90～100天。以上苗龄上推，即为育苗播种期，一般为10月中下旬至11月上旬。

　　利用多层覆盖（塑料大棚套小拱棚、小棚上夜盖草苫）设施栽培时，育苗时间与日光温室相同，2月上中旬定植，如不加盖草苫,则3月上旬定植。

利用一般塑料大、中、小棚栽培时,12月中下旬在日光温室或大棚内育苗,苗龄90～100天,3月中旬定植;有草苫覆盖的小拱棚定植期可提前到3月上旬。

培育壮苗技术见第三章育苗技术部分。

3. 整地施肥　定植前20～30天,棚室应扣塑料薄膜,夜间加盖草苫以利于保温,尽量提高地温。由于中小拱棚扣棚后定植不方便,可以先搭好拱架,定植后再扣塑料薄膜。

辣椒适宜土层深厚、富含有机质的土壤,其根群主要分布在30厘米以内,故需深翻30～40厘米,有利于根群的生长。前茬采收后要及时深耕晒垡,结合整地,每667平方米施腐熟有机肥5 000～7 000千克、过磷酸钙50千克、硫酸钾30千克做底肥深翻细耙,整平种植地块。按1.1米打线,然后起土做成垄高20～25厘米、垄底宽40厘米的小高垄,有条件时,可覆盖地膜。

4. 定植　辣椒春提前栽培定植期越早,越有利于早熟,经济效益越高。一般在棚室内10厘米深处地温稳定在10℃～12℃时即可定植。

定植密度,每垄栽2行,穴距30～35厘米,每667平方米3 400～4 000穴,每穴2株时可栽6 800～8 000株,靠密植争取早期产量。定植时尽量少伤根系,带营养土定植,定植深度与原来秧苗深度一致,定植后立即浇水。

5. 田间管理

(1)温度调节　定植后,棚室应严密覆盖塑料薄膜,夜间加盖草苫,保持温度。白天温度控制在25℃～30℃,夜间18℃～20℃;5～7天缓苗后,适当通风,白天温度控制在23℃～28℃,夜间15℃～18℃;开花结果期白天保持25℃～

28℃,夜间 18℃～20℃,夜温不能低于 15℃,以防因低温造成受精不良。

春早熟栽培中,前期外界温度较低,保护设施内易出现冷害和冻害。因此,应通过加强覆盖措施,尽量保持设施内适宜的温度。生长中后期,随着外界气温升高,应逐渐加大通风量,防止高温灼伤植株。当外界白天气温稳定在 25℃左右,夜间在 15℃以上时,可昼夜通风,逐步撤除草苫、棚室的裙膜,天膜最好不要撤掉,一可防太阳曝晒,二可防夏季暴雨。中小棚覆盖的棚膜,5 月上中旬可全部撤除,使辣椒在自然条件下生长。

(2)浇水和中耕　定植缓苗后,根据土壤墒情可再浇 1 次水,即可开始蹲苗。蹲苗期间应中耕 3 次,第一次中耕宜浅,第二次宜深,第三次宜浅,结合中耕进行培土。辣椒根系较弱,蹲苗不宜过度,蹲苗期间尽量少浇水,若土壤干旱可浇 1 次小水。待门椒坐住后,开始大量浇水追肥。开花结果期应保持土壤湿润,一般 5～7 天浇 1 次水。早春气温低时,浇水在晴天上午进行。天气转热后,可在傍晚进行,以降低地温。

(3)追肥　辣椒为多次采收的蔬菜,生育期较长,为保证生育期有充足的营养供给,还必须多次追肥。定植后,开花前,如土壤缺肥,可追一次肥,每 667 平方米施复合肥或尿素10 千克;门椒坐住后,追第二次肥,667 平方米施复合肥 20 千克。此后每隔 15～20 天追 1 次肥,每次每 667 平方米施氮磷钾三元复合肥 20 千克。追肥后立即浇水。

(4)整枝搭架　门椒坐住后,及时把分杈以下的侧枝全部摘除,以免夺取主枝营养,影响果实发育。生长后期,枝叶过密时,可及时分批摘除下部的枯、老、黄叶及采后的果枝,以利于通风透光,提高坐果率。保护地栽培的植株生长旺盛,植株高大,遇风雨易发生倒伏,要及时采取防倒伏措施,可在每行植株两侧拉铁丝或设立支架,将骨干枝绑缚其上。温室栽培可用塑料绳吊枝。

(5)采收 春提前栽培辣椒主要是为了提早上市,一定要及时采收。门椒宜早采,以免坠秧。由于春提前辣椒早期价格较高,可根据果实生长情况选择市场价格较高时采收上市。

(6)其他 初夏,外界温度高,光照强度大。30℃以上的高温及强光照,很易导致辣椒落花、落果。有条件时,应设遮阳网,以遮阳、降温。

开花初期,为防止落花,提高坐果率,可用 20～30 毫克/升的防落素蘸花。

(四)秋延后保护地栽培

秋延后辣椒是指夏季育苗,秋季定植,元旦、春节上市的辣椒。与南菜北运的辣椒相比,其色正味鲜,市场销售价比北运辣椒高 20%～40%,且销量好,是本地菜农增收的一个好茬次。辣椒秋延后栽培的特点是夏播、秋栽、冬季收获。全生育期温度由高到低,前期天气炎热高温、暴雨频繁高湿,易诱发病毒病和其他病害,育苗不易成功;中期气温比较适宜,但是开花结果及果实生长的适宜温度时间短;后期保果阶段又是严冬季节,防寒保温措施要得力,否则,辣椒果实易受冻害。因此,辣椒秋延后栽培难度大,要求技术性强、生产管理水平要求高。一般定植于日光温室、塑料大、中棚中,后期天气转凉时扣上棚膜。

1. 品种选择 秋延后辣椒栽培过程中因前期高温多雨,后期低温寡照,故品种应选择早熟或中早熟、抗逆性强、耐低温、抗病、高产、商品性好的大果品种,如郑椒 9 号、郑椒 11

号、查理皇、康大401、康大601、中椒6号、豫椒4号、苏椒5号、汴椒1号、湘研13号等。

种植彩椒宜选用外观艳丽、有光泽、品质好、丰产、肉厚、耐贮藏、抗病性强的大果型品种,如京彩系列彩椒桔西亚、紫贵人、黄欧宝、麦卡比、大西洋、札哈维、黄力士等。

2. 适时播种,培育壮苗

表6　秋延后辣椒栽培季节　(月/旬)

地　区	栽培设施	播种期	定植期	采收期	育苗场所
东北、内蒙古、新疆、甘肃、陕西北部、青海、西藏	大棚	6/中	7/下	10	露地
华北地区	大棚	6/下	7/下~8/上	10~11/上	露地
长江流域	大棚	7/中~8/上	8/中~9/上	11/下~2/中	露地

秋延后辣椒栽培的播种期一定要严格掌握。郑州地区播种期为7月中下旬。最晚不得超过8月5日。时间过早,苗期高温时间长,受高温、高湿影响易受病毒病和其他病虫危害而造成死苗;过晚则后期低温影响结果,造成产量低。

采用营养钵或营养方块育苗,具体方法见第三章育苗技术部分。遮光挡雨是育苗成功的关键,要做好防护工作。

3. 整地施肥　定植前的土地应早腾茬,并深耕30厘米进行晒垡。整地前要施足底肥,每667平方米施优质腐熟农家肥10 000千克,复合肥50千克,然后深耕细耙。采取高垄栽培,按大行距70厘米,小行距50厘米画线起垄,垄高10~15厘米。在整地施肥的同时,每667平方米施矮丰灵1千克,有利于控制植株的旺长,促进其开花坐果。

4. 定植　定植时间依据壮苗标准而定,以幼苗长至30

天左右、高 17 厘米左右、8～10 片真叶时定植为宜,苗龄最多不能超过 40 天,不能定植老化苗和旺长苗,一般于 8 月下旬 9 月初定植要选阴天或晴天下午定植。辣椒定植不宜过深,栽苗高度以苗坨高度为准。定植前喷施一遍杀菌剂和杀虫剂,可用 2.5％敌杀死 1500 倍液和 75％百菌清可湿性粉剂喷施。一般辣椒品种定植穴距 30 厘米,根据所种品种特性种一穴双株或单株。种植彩色椒时,植株高大的,密度应小,如麦卡比、黄欧宝、桔西亚等品种,每 667 平方米株数为 2 200 株,株距 50 厘米,生长势弱的,如白公主和紫贵人,每 667 平方米株数为 2 800 株,株距 40 厘米。单株三角形定植。定植时要逐穴浇足水,定植结束后要及时将滴灌管铺设到幼苗根部,并加以固定。如无滴灌设施,可在窄行间覆盖地膜以备膜下暗灌,可起到降低湿度,防止病害发生的作用。

5. 田间管理

(1)肥水管理　定植后 5～7 天浇 1 次水,可以降低地温,有利于缓苗。缓苗以后适当控水,浅中耕,培土,促进根系发育。门椒坐住后,开始浇水追肥,每次结合浇水按每 667 平方米追施氮、磷、钾三元复合肥 10 千克。植株大量结果后,加大肥水量,每 667 平方米追施氮、磷、钾三元复合肥 20 千克,也可视叶色、生长势、坐果情况而定。结合防病治虫,喷施叶面液肥,可选用 0.3％～0.5％尿素加 0.3％～0.5％磷酸二氢钾等。彩色椒果实进入转色期后,随着气温的降低,浇水的次数也应减少,以利于提高地温和转色,降低温室内空气湿度和病害发生率,提高果实品质。为减少落花、落果,可在叶面喷洒坐果灵或番茄灵 1～2 次,生长期间喷洒 2～3 次 0.1％的硼砂,也可提高坐果率。

若辣椒扣棚后有徒长趋势,可用 15％多效唑可湿性粉剂

50克加水50升喷洒植株,有抑制徒长、促进结果的作用。

(2)温、湿度管理　定植后至缓苗期的适宜温度,白天为30℃～35℃,夜间为20℃～25℃;缓苗结束至开花结果期的适宜温度白天为20℃～25℃,夜间18℃～20℃;进入盛果期后,白天适宜温度为20℃～25℃,夜间16℃～18℃。前期以遮光降温为主,防止高温干旱引起病毒病的发生和传播;结果后期进入果实膨大和彩色椒转色阶段,要做好保温工作,防止夜温过低而影响果实的成熟和转色。因此,10月下旬过了霜降以后,就要增加保温设施,确保夜温达到16℃。

覆盖拱棚薄膜的时间要根据当年气候来确定,辣椒适宜的生长温度白天为25℃～28℃,夜间15℃～18℃。河南省9月下旬以后,外界温度才开始稍低于辣椒所需的温度。故一般年份可以在9月下旬至10月上旬搭棚扣棚膜。刚开始时可扣棚上部,四周均应放风降温,不使棚温超过30℃。一些特殊年份定植后降水仍多,可以定植后再扣棚,不下雨时将棚膜收到棚的顶部,不使棚温过高影响辣椒的生长。

随着外界温度的降低,棚膜在夜里和早晚放下一部分,在"霜降"前后夜里可全覆盖好,以防低温,白天晴天仍要通风降温,保持辣椒所需的适宜温度,是促使其正常生长的保障。10月至11月上旬是秋延后辣椒坐果的重要时期,要做好夜间的覆膜保温工作和白天的通风降温工作。10月底到11月夜间温度低于15℃时要加盖草苫或大棚内扣小拱棚,白天温度不到28℃时棚室不通风,下午16时前后盖草苫以保持棚内温度并使下半夜棚温较高。白天尽早揭苫,接受太阳的短波辐射,使棚温尽早上升。遇阴雨雪天白天也要揭苫,可适当晚揭早盖。

扣棚前,要选用厚0.006～0.008毫米的地膜,进行栽培行的覆盖。

棚室内相对湿度保持在70％～80％,在浇水后空气湿度超过80％以上时,也需及时通风以减少病害的发生。

(3)光照管理　定植后至开花坐果前,在加盖防虫网的基础上,晴天时10点至16点,仍须在棚室上面覆盖遮阳率40％～60％的遮阳网。9月中下旬至10月上中旬是开花坐果的高峰期,要根据天气变化调整遮阳网和防雨膜,以利于坐果。10月中下旬扣采光膜,11月上旬加盖草苫等保温材料,草苫要早揭晚盖,尽量延长室内采光时间。

(4)搭架　为防止植株倒伏,在开花坐果前要搭架。一般用竹竿插在植株周围绑枝固定,或采用塑料绳吊株来固定植株,每个主枝用1条塑料绳固定。

(5)植株调整　门椒以下的侧枝要尽早摘除,促使植株健壮生长并促使上部坐果。10月底以后坐的果不易长大,可以在10月底摘心,保证已坐果实的迅速膨大。在门椒、四门斗坐稳后尽早摘除门椒,以防坠秧,促进对椒以上果实群的迅速膨大。

整枝是形成产量和控制果型的关键措施。对于麦卡比、黄欧宝、桔西亚等需转色的彩色椒中晚熟品种,每株仅留4～6个周正果;紫贵人、白公主可留6～8个,其余的花和果要去掉,以保证所留果的商品价值,注意不要留果太多。整枝一般采用双干整枝或三干整枝,即在二杈分枝坐果后,依光照角度摘除其他较弱的侧枝,使上面的二级侧枝不断生长和坐果,自始至终保持有2个或3个枝条向上生长。这样可增加光照强度,增加光合产物,使养分集中供应。门椒要及早疏去或采收,防止坠秧。侧枝上坐果的,在果坐住后顶部留2～3片叶摘心。到采收中期要将下部已经采收后的果枝适当摘除,以利于通风透光。

(6)挂果贮藏　10月底、11月上旬开始采收,对于要延后上市的辣椒和需转色的中晚熟彩色椒品种,在12月份大部分果转色定个后,可以通过降低温室内的温度和控水的办法来推迟果实的采收。夜温过低时,需临时加温,防止植株受冻。

(7)促进转色　彩色椒收获前提高室内温度和光照可促进果实转色,提高成品率。另外,可用800~1 000毫克/千克的乙烯利涂抹果柄,可使果实在10天内转色,且不影响果实的正常发育。桔西亚、银卓、圣方舟、安达莱和皮卡多转色较慢,在果实膨大成型后,适度控水,增加光照,加大昼夜温差有利于着色,温差越大,着色速度越快,白天30℃~32℃,夜间14℃~16℃着色最快;绿椒类待果个定型后及时采收;白椒、紫椒在果实膨大过程中不必拉大温差,低温弱光条件下可正常着色。

(8)保花保果　由于辣椒开花期气温尚高,易引起授粉不良或植株生长过旺而造成落花、落蕾,可喷施30毫克/千克水溶性防落素溶液保花保果。

6. 老株再生秋延后栽培　利用春提前或春露地栽培的辣椒老株,经过植株更新后,转入秋延后生产。具体方法是:选无病毒病、生长势强的植株,于8月中下旬,将"四门斗"以上的枝全部剪除,剪留枝上要保留一部分叶子,待发出新枝后,再酌情摘除。剪枝后施肥、培土、灌水,促进发根、长叶,在日平均气温20℃~22℃时扣上棚膜。

7. 采收　10月底至11月中旬秋延后辣椒进入采收前期,由于露地晚熟和麦垄套种辣椒还有上市,价格还较便宜,故不要急于采收。椒果可以在植株上活体保鲜,等市场上露地辣椒绝迹后待价上市。秋延后辣椒的采收要视行情而定,应尽量延后适时收获,以提高单位面积效益。

彩色椒作为一种高档特菜,上市时对果实质量要求极为严格,颜色的好坏,上市的早晚,将直接影响商品品质和价格。因此,采摘不能过早或过迟。早熟的紫、白椒要及早采收,小包装上市;中晚熟的红、黄椒要等到转色后再采收,以提高其商品价值。采收时果实要发育完全、表皮色均匀、光滑坚硬。采摘时间以早上为宜,因辣椒枝条较脆,采摘时不能猛揪,以免折断枝条,应用刀割断果柄基部离层处。果实要轻拿轻放,以免损伤。

(五)越冬栽培

冬季生产辣椒,不仅可在寒冷季节供应新鲜蔬菜,满足人们的需要,而且在元旦至春节上市,由于其价格较高,又可使生产者获得较高的经济效益。

1. 品种选择 越冬栽培辣椒应选择耐低温、耐弱光、易坐果、品质好、丰产、抗病性强,适应日光温室栽培的大果型品种,如苏椒 5 号、寿光羊角黄、湘研 11 号、都椒 1 号、郑椒 9 号、郑椒 11 号、郑研康大系列辣椒品种等和甜杂 6 号等甜椒品种。如当地消费水平较高,可种植效益较高的彩色椒品种,参考第二章介绍的品种。

2. 栽培设施 辣椒为喜温蔬菜,越冬栽培又值气温最低的寒冬,须在日光温室中进行生产,但要求日光温室必须建造规范,保温性能优良,严冬季节在外界气温零下 15℃ 的情况下,棚内最低气温应在 10℃ 以上,否则会引发多种病害或冷害、冻害等,影响辣椒的正常生长和转色,达不到应有的经济效益。

3. 播种育苗 为保证辣椒元旦、春节前正常上市,并进入产量高峰期,一般辣椒品种于 8 月下旬至 9 月上旬播种,10

月中下旬定植,12月上旬开始采收。彩色椒中晚熟品种播种期在7月下旬至8月上旬,9月中下旬定植;早熟的紫色、白色品种可晚播20天左右,9月下旬至10月上旬定植,12月中下旬开始采收。从播种到定植需45天左右。如管理得当,可以一直采收到第二年秋季。全国部分地区越冬茬栽培季节见表7。

表 7　越冬日光温室辣椒栽培季节　（月/旬）

地　区	播种期	定植期	采收期	育苗场所
京、津地区及河北中南部	8/下~9/上	10/上~10/中	12/上	露　地
辽南地区	8/中~8/下	10/上	11/下	露　地
兰　州	7/中	9/下	11/上	露　地
黄淮海地区	8/下~9/上	10/中下	12/上~6/中	露　地
长江中下游	8/中~8/下	10/上~10/中	11/中~11/下	露　地

育苗床应建在三年内未种植过茄果类蔬菜的地块上。苗床可选在温室内一侧,也可在温室外做畦。育苗前期正值秋季高温季节,为防止高温及暴雨,应在苗床上设小拱棚,上覆防雨膜和遮阳网。具体育苗技术请参阅第三章。在育苗的后期,外界温度下降,早霜到来时,应及早扣上塑料薄膜,夜间加盖草苫,保持适宜的温度。

这一时期应注意蚜虫、白粉虱、茶黄螨的为害和病毒病的传染。蚜虫和白粉虱除采用黄板诱杀外,还可通过药剂进行防治,如功夫菊酯、扑虱灵、天王星;病毒病防治可用病毒 A。

4. 定植　越冬栽培时间很长,必须施足基肥。每 667 平方米施用腐熟的优质有机肥 10 000 千克,过磷酸钙 100 千克,硫酸钾 20 千克,深翻 30 厘米,整平做垄。做垄、定植的方法可参考秋延后栽培技术。在窄行间覆盖地膜以备膜下暗灌,有条件的可铺设滴灌设施,采用滴灌。栽植时不要伤根,栽苗深度以苗坨的深度为准,不宜过深,然后盖好地膜,封好引苗孔和膜边。

5. 田间管理

(1)温度管理　定植后到缓苗前一般不浇水,闭棚提温以促进发根,此期白天温度宜控制在 26℃～30℃,夜间温度 18℃～20℃,晴天中午可盖草苫遮荫。一般 6～7 天即可缓苗,缓苗后,白天控制在 25℃左右,夜间 15℃～18℃。进入开花结果期,气温逐渐下降,应做好调温增光工作,在 11 月份至12 月上旬草苫宜早揭晚盖,达到昼温 25℃～27℃,夜温 15℃～17℃,有 10℃左右的温差较为理想;12 月份至翌年 1月为最寒冷季节,此期应做好防低温寒流工作,草苫适当晚揭早盖。翌年春,外界温度升高,应注意通风防止高温灼伤,避免高温条件下造成徒长引起落花、落果。随天气的转暖要逐渐加大通风量,到露地定植期可以不盖草苫。当外界最低温度稳定在 15℃以上时,揭开棚底薄膜昼夜通风。

地温对辣椒的生育结果有着重要影响,据试验,在地温 23℃～28℃之间时,气温 28℃～33℃和气温 18℃～23℃的产量几乎没有差别;而当地温下降到 18℃时产量就要受到影响,气温达 13℃就要受到影响。越冬辣椒进入 1 月份时,地上枝繁叶茂,阳光直射明显减少,地温上升受到限制。如果再遇到连阴天,土壤热量就要大量丧失,地温持续下降,时间长了,根系变衰弱,节间变短,会出现结果过度的衰退现象。解决这一问题,一是要搞好整枝、摘叶,增加地面接收直射的光量;二是要搞好地面覆膜,必要时整个地块都要覆膜。

(2)光照管理　进入 12 月份以后,随着外界光照时间的缩短,光照强度变弱,温度可适当下调,寒冷季节有条件者后墙可张挂反光幕以改善棚内光照,要经常清洁棚膜以增加透光率。连续阴冷天气后骤然转晴,不能急于揭苫,而应分次逐渐揭去草苫,若出现萎蔫,应进行回苫管理,直到植株恢复正常。长季节栽培5月份以后为防止高温和强光危害,可在棚架上覆盖遮阳网,棚室内的光照保持在3万勒克斯以上即可满足辣椒的生长要求。

(3)水肥管理 定植缓苗后,温室内气温较低,蒸发量不大,应尽量少浇水,若出现干旱,可浇1~2次小水。浇水应在晴天上午进行,浇水后扣严塑料薄膜,以提高地温。下午通风,排出湿气,降低空气湿度。深冬季节若出现缺水,应浇小水,不可大水漫灌。12月至翌年1月,一般不必浇水。特别是初果坐住前,尽量不浇水,以免植株徒长,造成落花、落果。翌年春,外界转暖,应增加浇水量。在水分管理中,要提防地表湿润而深层实际缺水的现象。浇水的间隔天数和浇水量要依据土质、植株状况来综合判断。从果实上看,若灯笼果的果顶变尖或表面出现大量皱褶,则表明水分不足,应及时浇水,否则会影响产量。

生长期应进行追肥。初果坐住前不追肥,坐住后,结合浇水每667平方米施氮磷钾三元复合肥10~15千克。12月至翌年1月份,不浇水也不追肥。第二年春季过后,每隔15~20天追一次肥,每667平方米施氮磷钾三元复合肥20千克,追肥后立即浇水。

辣椒根群分布浅,根系不发达,施肥时少量多次以防烧根,浇水掌握见干见湿的原则,以防沤根。

寒冬,因地温低,土壤中的硝化细菌活动受抑制,造成铵离子浓度过高,抑制了辣椒根系对钙、镁、锰等微量元素的吸收,往往使植株表现缺乏微量元素症状。为防止这种现象,可每隔5~7天根外追施微量元素肥1次。

(4)整枝疏果　辣椒生长期间,应疏去已变硬或无发展潜力的小型果,并及早疏去畸形果,及时除掉门椒以下的侧枝。使植株能形成较大的营养体,使果实充分发育,增加产量。为防倒伏,可采取插架或吊秧等措施。

对彩色椒生产要将质量放在首位来抓,其生长势强,不协调营养生长与生殖生长,难以发挥果大优势,故应采取整枝措施。彩色椒大部分为二杈或三杈分枝,其整枝从第二级分枝开始,即将其向外的侧枝保留2~3片叶、1~2朵花摘心,尽量多留花,多成果,保持双干或三干向上生长。彩色椒越冬栽培的时间长,植株高大,生长势强,要采取吊秧措施,提前在温室内沿栽培方向,拉铁丝系好吊绳,每株两绳,将植株的两个主枝吊起,植株高达2米左右,每株可结椒20个以上。

(5)遇到灾害性天气的管理措施　灾害性天气可分为四种类型,一是强寒流的袭击,在每年的12月至翌年2月,对温室的蔬菜生产会造成很大的危害;二是连阴天天气,长达1周甚至1个月的连续阴天,使日照不足平时的50%,气温和地温均下降,光合作用不能正常进行,使辣椒植株处于饥饿状态;三是风、雨、雪天气,都有的低温光照,还有各自的危害,冬季的大风吹入温室,造成冷害甚至冻害,晚秋或早春的雨天温室不能放风,温室内湿度增大;四是连阴天或雨雪天后突然晴天,光照温度变化幅度大,在不良天气下,生理活动微弱的植株不能适应这样的环境,造成生理机能的失调。

灾害性天气发生突然,危害严重,所以降低灾害性天气的危害程度是温室管理工作的重点。管理上应从保温、增光、配以应急措施入手,以防为主,做到有备无患。

①建造性能良好的日光温室　这是防灾减灾的基础。日光温室要有良好的保温性能和透光性能,后屋面和墙的厚度一定要保证,温室各处缝隙严密,建造时要严格按照要求进行,不可偷工减料。

②加强保温措施　下午提早覆盖草苫,再加上几席草苫,增加邻近草苫之间的重叠量;将前一年的废旧薄膜裁剪后缝在每一个草苫的外面,在温室前屋面下部围一层草苫;在温室内临时生火加温,但要有烟道,防止烟害;还可在夜间于温室内点十几只蜡烛。

③增光　在温室的内侧挂反光幕,虽然增加了光照,但降低了温室后墙的贮热量,从而降低了夜温,所以这种方法在灾害性天气过程中是不可取的。有效的方法是利用白炽灯进行人工补光,每天3～4小时,可促进光合作用,提高抗性。阴天时要利用中午时间放风排湿;雨雪天由于温度低,要将草苫轮流揭放,使各处的植株见光均匀;可利用阴天中短时的晴天将草苫大量揭开,捕捉短时光线。

④连阴、雨、雪后天气陡晴的处理　遇此天气,应缓慢揭苫,可采用间隔揭苫的方法。如出现萎蔫可用喷雾器喷清水,而后回苫,待恢复后再揭开。一两天后,待植株适应正常天气后,开始浇水施肥,还应对叶面喷施速效肥,如可喷0.3%尿素或0.5%磷酸二氢钾。

(6)其他措施

①光呼吸抑制剂的使用　控制光呼吸可减少养分消耗,使净光合率提高,达到高产目的。采用亚硫酸氢钠浓度120～240毫克/升,在初果结果后开始喷洒,每隔6～7天喷1次,共喷4次。前期使用浓度低些,后期浓度可增加到240～300毫克/升。光呼吸抑制剂的应用须和肥、水管理相配合,否则

影响增产效果。

②防止落花、落果 越冬栽培,因冬、春季温度偏低容易落花。为防止落花,可用番茄灵 25～30 毫克/升,在开花时涂抹花器。因辣椒花朵小、花梗短,进行蘸花不方便,工效较低,生产上应用较少,更多的是利用提高采光性能和保温性能以及增加蓄热上来防止落花、落果。

③二氧化碳施肥 辣椒坐果后采用人工增施二氧化碳肥,可以增强植株的光合能力,从而增加产量。具体方法是晴天太阳出来 1 小时后施用,冬、春季棚室内二氧化碳浓度达到 1 000～1 200 毫升/立方米有利于光合作用。

6. 采收 采收时间的长短可根据温室的茬口安排、市场行情和植株长势等情况灵活掌握。冬季温室环境条件差,又要保证较长的生长期,因此,应把采收作为调节植株生长平衡的手段。在植株生长势弱时早采,在植株长势强时晚采。采收期间,要保证肥水供应。

在采收初期,市场季节差价大,为争取效益可以灵活掌握采收时间。白色和紫色品种的彩椒,其从挂果到成熟,不存在转色问题,如市场行情好,可适当提前采收;但红色、黄色和橙色的彩椒品种,果实前期为绿色,必须经过 15～30 天的转色期,否则商品性不好。

七、采收和采后处理

(一)采收前准备工作

于采收前 10 天左右,喷 1 次 2 000 倍的噻菌灵(特克多)悬浮剂水液,或喷 1 次 50% 多菌灵可湿性粉剂 500 倍液,以防贮藏期间发生炭疽病和灰霉病,喷药的重点是果实。

(二)果实采收标准

贮藏用的椒应以充分膨大成熟、果面有光泽的青色椒果为宜,不能采收红熟椒,否则很快变成深红色并变软,贮藏寿命短;也不要采收未成熟的辣椒,其含水量多、干物质少,贮存期间易脱水萎蔫、耐贮性差。进行贮藏的彩色甜椒在采摘时应选择果实充分膨大、果形好、果肉厚而坚硬、表皮光亮、稍微变色且颜色均匀的果实。因为,采收过早,果实不容易变色,或变色不均匀,失去商品价值;采收过晚,不易贮藏,而且在贮藏过程中容易萎蔫。

(三)采　收

夏季采收宜在晴天的早晨或傍晚温度比较低且无露水的时候进行。降雨后不宜立即采摘,否则容易造成腐烂。采摘时要连果柄一起摘下,入贮前将果柄剪留至约2厘米长。采收时要捏住果柄,用平头锋利的剪刀或刀片剪(割)断果柄,以减少手摘造成的机械损伤。操作时轻拿轻放,避免损伤果实。

(四)采后处理

按果实的大小、品质、形状和色泽进行分级,细心剔除病果、虫果、伤果、烂果,另外,用石灰涂果柄,有吸收水分和防腐消毒的作用。采收后不要立即包装,要将刚采收下来的果实摊放在铺好棚膜的地上使其散发体热。

(五)包装及运输

果实要装在塑料箱、纸箱、竹篓或条筐等轻便、牢固的包装容器中,防止运输途中及装卸过程中碰、挤、压伤果实。同时包装容器内部要光滑,还应该留有通气孔,便于内外气体交换。冬季运输时要注意防冻。

　　运输装卸时,为减少震动和摩擦,在装筐和装车时,增加衬垫缓冲物,上层与下层之间要设支撑物,防止上层的筐直接压在下层的辣椒上。如果运输距离远,有条件的话,可采用空调车运输。

第五章　辣椒主要病虫害的防治技术

病虫害防治是辣椒生产中十分重要的环节,它直接关系着辣椒品质的优劣,产量的高低乃至辣椒生产的成败。特别是随着人们生活质量的不断提高及我国加入世界贸易组织以后国际绿色贸易壁垒的限制,对绿色、无公害食品要求愈来愈严格。

各种病虫害的发生都有一定的规律和特殊的环境条件。因此,抓好辣椒生产,应根据病虫害发生的特点和所在地区的环境条件,结合田间调查和天气预报情况,科学分析各种影响因素,准确地对病虫害发生的趋势进行预报,以指导生产及时做好防治工作。要树立生态防治观点,着力维护生态平衡,坚持"预防为主,综合防治"的方针,多种措施并举,重点采取农业、物理、生物等方法,严禁使用高毒、高残留农药,限制一般化学农药的使用量及使用次数,合理交替、轮换使用一些高效、低毒、低残留农药,把病虫害控制在防治指标以内。

一、辣椒病虫害防治的误区

(一)用药的误区

误区1:用药浓度越高越好。农药要有一定的浓度才能杀死害虫和防治病害,但不是浓度越高越好。在辣椒栽培过程中,有些农户往往随意增加用药浓度和施药次数,不仅增加了生产成本,造成浪费,而且还会加速一些病虫对农药的抗性,并造成药害和环境污染。同时,在高浓度施用时,不但不能被作物吸收,还有可能使作物体液外渗,造成生理干旱。激素类农药过高时,易起反作用或使作物畸形。因此,农药使用量和浓度要严格按照农药说明书使用,力争使农药的副作用降低到最小程度。

误区2:长期只使用一种农药防治某一种病虫害。这样会使其产生抗药性,降低药效。如果与多种农药交替使用,则可以提高农药的防治效果,延缓病、虫害对某一种农药的抗性。

误区3:见病就用药。有的菜农朋友在"有病早治,无病早防"的格言指导下,对生病的辣椒用药防治了几次,不仅没治好,而且越来越重。蔬菜的病害虽然很多,但均为侵染性和非侵染性两大类。

侵染性病害即传染病,是由于病原微生物侵入蔬菜植株中引起的,是可传染的,它包括由表及里发展的病理变化过程和由点到面的蔓延流行过程。侵染性病害按其致病微生物的不同,可分为真菌性病害、细菌性病害和病毒病等。此类病害必须用对症的农药来进行防治。

非侵染性病害,是由于田间温度、湿度不合适,用肥不合理,栽培管理粗放或环境污染引起的非传染性病害,在田间受环境条件的变化而变化,环境好转可以恢复正常状态,没有蔓延传播的迹象,一般是不需要用药来防治的,而是靠合理及时的农业措施来治愈,因此,这类病害又叫生理性病害。这类病害与细菌、真菌和病毒无关,用了药也是劳民伤财。如烈日高温引起的日灼病、施肥不当引起的烧根、水分过多引起的沤根、缺钙使辣椒脐腐病等均为生理性病害。

另外,有些虫害为害后辣椒表现出病害特征,但只用治病的药去治,而不防止传播途径,反而会加重为害。如蚜虫、白粉虱等是传播病毒病的祸根,必须防好虫害;辣椒易受茶黄螨的为害,茶黄螨肉眼看不清,叶子反卷,与病毒病很相似,因此只有治虫才能制止病害发生。

误区4:错误地认为喷药勤病虫害少。很多菜农在辣椒生长中后期,隔2～3天就喷1次药,认为药喷得勤就可防止病虫害蔓延,其实,这段时期勤喷药既会干扰作物碳水化合物的正常合成和运作,又不利于植物体产生抗生素,抗病能力反而下降。因此,要正确进行管理。

(1)认准病虫害,对症喷药。选择药剂时最好选含铜、含锌剂,既能杀菌,又能增强植株抵抗病菌侵入的能力,还能促进作物生长。

(2)改善生态环境。地湿株多、枝繁叶茂、通风不良的地块应疏叶降湿,营造正常的生长环境。

(3)对土传菌引起的死苗,在苗期注重预防为主,如果忽视病源,苗期染病,后期发作,病菌已侵入植物体,勤喷药效果也不好。

误区5:用药而不知药。辣椒的病虫害有数十种,防治用药也有数百种。在给辣椒病虫害用药时,一定要学习药剂的有关知识,分清它们的类型、品种、性能、防治对象、用药浓度和使用方法,做到用药先知药。另外,农药市场已经开放,部分农药经营者往往利用农户对农药知识的欠缺而进行误导。因此,在使用农药前,最好到正规的植物保护部门进行咨询,力求对症使用农药。不在证照不全的经营者处购买农药,过期或标识可疑的农药坚决不使用。

误区6:忽视主动预防。生产中,农民往往有病不治,直到病虫害很严重时才喷药防治,定期喷药预防的仅为个别户。

笔者认为:定期喷药防治才是最好的措施,并采用物理防治、生物防治等预防措施。多数农民不太重视病害预防,造成病害发生后,2～3天打1次药,有好多情况是药没少打、病也没治住,造成投入加大,收益减少的局面。

误区7:发病初期不用药。绝大多数病虫害在发病初期,症状很轻,此时用药效果好,等大面积发生后,用药多却难以控制。

误区8:认为防治一次可一劳永逸。杀虫剂、杀菌剂在病虫害发生盛期,防治一次虽能取得明显效果,但随着农药的流失和分解失效,及邻近地块的侵染,仍有发病的隐患,应间隔7～15天,连续用药数次巩固药效才能达到最佳防治效果。

误区9:迷信经验。有些用户喜欢从自己过去的体会中寻找经验,对没有体验过的事物便不愿意接受。在使用农药中主要表现为:根据以往的经验来购买农药,即使此农药对某些病害已经没什么防效,也不愿意去购买技术人员推荐的新药,延缓了防治时间,导致病害大面积发生,难于治理。

误区10:从众心理,无的放矢。很多菜农来门市部买药的第一句话便是“现在该打什么药”,有时令技术人员满头雾水。这说明了菜农前来买药时,没有什么目的,对自己作物上有何病害不清楚,其用药标准不是根据自己作物的长势和病虫害的发生情况而定,而是看见别人施药,自己便跟着施药,这种做法不仅没起到防治的作用,反而有可能引发药害。

误区11:盲目用药。没有哪一种辣椒用药越多越健康而高产的,所以应该是不见害虫不用药,见了害虫用准药,使虫害一次得到控制。在虫少时进行防治不仅用药少,而且防止了害虫的繁殖蔓延。所以,一旦出现害虫应及时进行防治。除虫应选用能辐射连锁杀虫效果的药,如生物制剂和可使虫体钙化的药物。

误区 12：不注意防治的时期，以至于错过最佳防治期。对虫害进行药剂防治时，应在虫害幼龄期进行。菜青虫一般应选傍晚作为药剂防治时段；治白粉虱，应在早晨有露水时施药防治，配药时加些洗衣粉或少许机油等附着剂效果更佳；治钻蛀型害虫，应在 8~10 时，向花心喷药防治，因卵及幼虫在花心，过了这个时间，花闭合后喷药不起作用，等虫子进入辣椒果实内，喷药效果更差。

误区 13：为省事只喷叶的正面。很多害虫的虫卵分布在叶背面，喷药时，只有叶的正面背面都喷药，才能达到彻底杀灭害虫的目的。

(二)喷洒农药的误区

误区 1：身体正前方"之"字形摆动喷雾。缺点是前面喷药，人在喷过药的环境中前进，容易造成农药中毒。

误区 2：直射"靶标"作物。手动喷雾器一般可采用直射喷雾，而机动喷雾器为弥雾型，直射喷雾将大大降低工作效率，不能充分发挥机动喷雾器雾化好、工作效率高的特点。机动喷雾作业的正确方法应是在作物上方 20 厘米处，顺风实施飘移喷雾。

误区 3：药液喷到从叶片上滴下的程度。根据科学测定，叶片上药液滴下时，药液的沉淀量仅为最大沉淀量的 50%，不能最大程度地发挥药效，并造成大量的农药浪费。所以，做到均匀喷洒即可。

误区 4：操作时不注意安全防护。很多农户都了解口服毒性，而忽视了农药稀释以后的中毒危险性。因而在喷洒农药时，不使用防护器具，更有甚者，手部直接接触药液或药剂也毫不在意。实际上人体皮肤对一些农药有吸附作用，虽然喷雾时已经把原药进行了几百倍甚至几千倍液的稀释，但水中的微量农药仍可能被人体皮肤所富集，导致人体中毒。为减少施药对人体健康的危害，要采取必要的安全防护措施，工作时所用的防护服、防护手套、风镜、防护口罩、防护帽和防护靴等，使用后都必须立即清理，否则就失去了防护意义。用户需根据所用药剂的性质，确定用水或碱性水浸泡，洗涤后再加以漂洗，然后晾干备用。在安全措施中，还应注意安排好倾倒残余农药及洗刷喷药器械的污水排放场所，以远离生活区和水源区为准。

二、辣椒病虫害的防治原则和方法

适合我国国情的无公害蔬菜是有害物质含量低于人体安全食用标准的蔬菜，它应符合营养学和医学的双重标准。在当前辣椒生产水平下，辣椒的生产离不开化学农药，但在使用过程中应遵循"严格、准确、适量"的原则，并与农业防治、物理防治、生物防治相结合，生产无公害辣椒。

（一）严格选择药种，执行安全间隔期

严格控制农药品种，严格执行农药安全间隔期。我国农业生产上常用农药单剂近百种，蔬菜生产常用杀虫剂、杀菌剂也达 40 余种。在选择农药品种时应优先使用生物农药，有选择地使用高效、低毒、低残留的化学农药。

杀虫剂主要包括 Bt 系列、阿维菌素系列、除虫菊酯类、植物提取物类（苦参素、烟碱等）、昆虫激素类（米满、卡死克、抑太保）、少数有机磷品种（乐果、敌百虫、辛硫磷、乐斯本、农地

乐等)以及其他类(杀虫双、吡虫啉等)。

杀菌剂包括多菌灵、托布津、加瑞农、克露、大生、福星、可杀得、波尔多液、农用链霉素、农抗 120、普力克、腈菌唑、施保功等。

病毒防治剂有病毒 A、植病灵、NS-83 增抗剂、抗毒剂 1号等。

严格禁止使用的农药有甲胺磷、呋喃丹、杀虫脒、氧化乐果、三氯杀螨醇、六六六、DDT、克线丹等。

蔬菜中农药残留量与最后一次施药距离收获期有密切关系,间隔期短,残留量多。因此,每种农药均有其安全间隔期。要严格执行农药的安全间隔期,农药喷洒后,蔬菜至少要隔一定时间采收,才能确保蔬菜中农药残留量符合国家指标。安全间隔期的长短,应以农药种类、浓度、施药方式、气候条件和蔬菜品种等而定。一般生物农药为 3～5 天,菊酯类为 5～7天,有机磷为 7～10 天(少数在 14 天以上),杀菌剂除百菌清、多菌灵要求 14 天以上,其余均为 7～10 天。

(二)讲究防治策略,准确把握时期,对症下药

根据病虫消长规律,制定防治策略,适期防治。任何病虫害在田间的发生发展过程均有其最薄弱的环节,即所谓的最佳防治期。在此期间施药有事半功倍之效。如菜青虫、小菜蛾春季防治应掌握"治一压二"的原则;红蜘蛛防治应掌握在点片发生阶段;夜蛾类害虫防治应在傍晚时分;病毒病与苗期蚜虫有关,只要苗期防治好蚜虫,就可减轻病毒病发生。其次根据病虫在田间的分布状况,准确选择施药方式。针对防治目标在田间分布情况,能单治的绝不普治,能局部处理的绝不普遍用药,尽量减少用药面,特别注意选适宜的剂型,用最少

的农药达到最大的防效。

（三）适量、交替、科学用药

适量用药是科学用药的重要手段。要对症用药，明确剂量，否则，不仅增加成本，防效不理想，而且还会产生很大的副作用。

对某种病虫害反复使用某一种药剂，会使该病虫害逐步形成抗药性，从而使化学防治技术更趋复杂。克服和延缓抗药性的有效办法之一，是轮换交替使用不同作用机理的农药，而且要选择没有交互抗性的药剂才能奏效。如果对某种杀虫剂已产生抗药性，可以停止使用若干年，使抗药性逐渐消失，如菊酯类药剂对小菜蛾、豆野螟、夜蛾已基本无效，因而需选用其他农药来代替。如需混配农药，应随用随配，在混配之前要查"混用适否查对表"，或经试验证实不会产生不良副作用才可在大田使用。如代森锌可与敌百虫、敌敌畏、乐果混用，但不可与波尔多液、石硫合剂、硫酸铜等农药混用；Bt 试剂不宜与杀菌剂配合使用。

喷药时间过早会造成浪费或降低防效，过迟则大量病原菌已侵入寄主，即使喷洒内吸剂治疗收效也不大；对于虫害，过迟则害虫大量发生，难于控制。因此，应根据病虫害规律和当时情况，及时地喷洒药剂保护。一天中最佳喷药时间以8～10时、15～18时为宜。喷药次数主要根据药剂残效期的长短和气象条件来确定。雨后补喷。

（四）化学防治和农业、物理、生物防治相结合

农业防治是根据蔬菜生长、生态环境与有害生物三者相互制约的关系，利用一些栽培技术，改变蔬菜田生态环境，创

造对蔬菜生长发育有利,而不利于有害生物发生与危害的环境条件,从而达到保护环境、减少污染、控制病虫发生与危害的目的。主要措施包括选用抗病虫品种、培育无病壮苗、轮作倒茬、深耕灭茬、消毒、调节播种期、合理施肥、及时灌溉排水、适度整枝打杈、搞好田园卫生等基本措施。

物理防治法是用热力、光波、颜色、超声波、电磁波、核辐射以及其他物理因素来杀伤害虫或病原物。例如,辣椒温汤浸种防治疮痂病和炭疽病,就是利用热力来杀死种子传带的病原菌;利用太阳能进行土壤消毒,是简便易行、成本较低的物理方法,在南方夏季高温期,用塑料薄膜覆盖土壤,使土壤吸收太阳能而升温,可以杀死部分土壤病菌、杂草种子、线虫和土壤害虫等,若覆盖黑色地膜,升温效果更好;多功能农用大棚薄膜,因为在制膜过程中加入了紫外线阻隔剂,使紫外线不能进入大棚内,致使一些需要紫外线刺激才能产生孢子或正常发育的病原菌受到强烈抑制,因而能显著减轻灰霉病等多种病菌危害,但对白粉病无防治作用;利用黄板、黄皿诱集蚜虫和温室白粉虱,利用银灰色薄膜避蚜等都可产生明显效果;很多夜间活动的昆虫具有趋光性,可被特定波长的灯光强烈诱引,黑光灯通电后发出诱虫作用很强的近紫外光,可以诱集多种蛾类、金龟甲、蝼蛄、叶蝉等害虫,保护地利用臭氧发生器定时释放臭氧防治病虫害也属物理防治。

生物防治利用生物或其产物控制农林病虫发生危害的防治方法。如利用自然界或人工繁育的瓢虫、草蛉、捕食螨、蜘蛛、青蛙、鸟类等捕食性天敌;寄生蜂、寄生蝇、线虫等寄生性天敌;病毒、细菌、真菌及其代谢产物防治害虫;利用抗生菌产生的抗生素等防治病害。有以虫治虫、以菌治虫和以菌治病等多种防治措施。

农业防治、物理防治和生物防治不污染环境和蔬菜,对人、畜安全,已广泛应用于无公害蔬菜的生产,尤其应用在绿色蔬菜、有机蔬菜生产中有害生物的防治。

三、辣椒病害的症状与识别

不同的病害有不同的症状,病害症状是识别病害的重要依据。当发现辣椒有病情时,应仔细观察发病植株各个部位出现的症状,根据症状判断病害种类,并有针对性地进行防治。

症状分为病状和病征两方面。

(一)病　状

病状是指受害植株发病后表现出的不正常状态,有变色、坏死、腐烂、萎蔫和畸形5种类型。

变色:是指被害部分细胞内的叶绿素的形成受阻或被破坏,或其他色素形成过多而使植株失去正常绿色,统称为变色。如花叶、黄化、褪绿、白化、着色(变紫、红等)。变色主要发生在叶片上。

坏死:寄主被害后,其细胞和组织受破坏死亡所造成的一种病变。叶片、枝条、果实上多因坏死而形成各种类型的斑点或病斑,或者产生穿孔、枯焦。病斑大小不一,形状有圆形、纺锤形、不规则形、角斑、条斑等,颜色有褐、黑、灰、紫、白色等。

腐烂:病部较大面积的细胞崩解破坏或变软,称为腐烂,主要发生在植株柔嫩、多肉、含水较多的组织上。具体分为湿腐、软腐、干腐、根腐、茎腐、茎基腐、果腐等。如果幼苗基部腐烂并缢缩,造成腰折倒伏,为猝倒病;腐烂缢缩但直立枯萎,则为立枯病。

萎蔫：是指植株局部或全部因失水而丧失膨压，使其枝叶萎蔫、下垂的现象。病害的萎蔫病状可以由各种原因引起，但主要是指植株的维管束组织受病原物的毒害而被破坏，影响水分向上输送所致。

畸形：病株或个别器官发育过旺或受到抑制而表现出特异的形态，包括肿瘤、丛枝、徒长、矮缩、皱叶、卷叶、蕨叶、根肿等。

(二)病　征

病征主要是被害部位病原物本身所表现的特征，常见的类型有6种。

1. 出现霉状物　由致病真菌的菌丝和孢子梗组成的形状、颜色、疏密不同的各种霉。

2. 出现粉状物　由病原真菌一定量的孢子、孢子梗、菌丝体密集而成的粉，如白粉、黑粉、锈粉。

3. 出现颗粒状物　指在病部产生的针头般大小的小黑点或朱红色小点等。

4. 出现核状物　病部出现菜籽状或鼠粪状的黄白色、褐色或黑色的菌核。

5. 出现丝(绵)状物　病部现出缠绕状的白色或褐色丝(绵)状物。

6. 出现脓状物　在病部表面溢出含有许多细菌细胞和胶质物混合在一起的乳白色或黄色的胶黏状物，俗称菌脓，具有黏性。

病毒病没有病征，只有病状。

辣椒病害较多，症状复杂，不同病害可以引起相似的症状,而同一种病害在不同生育期或不同环境条件下可能产生不同的症状。仔细观察病害的各种病征、病状,基本可以判断出病害的种类。对于通过外观症状不能作出诊断结论的病害,应将新鲜标本送给有条件的专业部门和单位进行鉴定。

四、真菌性病害综合防治措施

(一)真菌性病害特点

辣椒的真菌性病害有猝倒病、立枯病、灰霉病、菌核病、疫病、白绢病、白粉病、褐斑病、灰叶斑病、枯萎病、炭疽病、白星病、黑斑病、叶霉病等。真菌性病害有以下特点。

1. 出现霉状物、粉状物、粒状物或核状物或丝(绵)状物,是真菌性病害的特有病征。

2. 病菌以菌丝体或孢子在土壤、病残体及种子上越冬,成为翌年初侵染源。

3. 当温、湿度条件适宜时,病菌从气孔、皮孔、伤口直接侵入,通过气流、雨水、灌溉水、昆虫、田间农事操作等传播蔓延,并可进行多次重复侵染。

4. 高温(大多数真菌性病害)、高湿、多雨、土壤黏重、重茬地、低洼田易发病,特别是雨后积水,排水不良的地块,发病更重。

5. 施用未腐熟的粪肥、基肥不足、土壤的骤然干湿交替或地下害虫发生严重时,均能加重发病。

6. 植株密度过大、通风透光不良、管理不当的地块发病重。

(二)综合防治措施

1. 选用相应的抗病品种。

2. 培育无病适龄壮苗。参见育苗技术章节。

3. 辣椒地不能重茬、迎茬,要与非茄科蔬菜进行 2 年以上轮作,可采用菜粮或菜豆轮作。保护地应建在地势较高,灌溉水充足、方便,易于排水的地方,北面最好邻近山坡或有高大建筑,南面无建筑物或树木遮荫。

4. 前茬收获后及时清洁田园,深耕土地,精细整地,施用充分腐熟的有机肥作基肥,适当增施磷、钾肥。

5. 因地制宜采用地膜高垄,大垄双行栽培,滴灌、管灌等节水技术,棚膜最好采用聚氯乙烯无滴膜。适时移栽,合理密植,增强通风透光,可促进植株健壮生长,增强抗病力,同时也是高产栽培的重要措施,具体移栽时间应避免中后期有病害发生的环境条件。定植时尽量减少对幼苗根部的损伤。

6. 定植后应及时封行,初期可加扣小拱棚,适当控制灌水,以利于前期提高土温,促根壮秧,增强植株对病害的抵抗力。

7. 加强田间管理,及时清除残枝落叶、病果。注意防止农事操作时的接触传播。合理灌溉,要小水勤灌,避免大水漫灌,灌水后及时中耕松土,增强土壤通透性,促进根部伤口愈合和根系发育。进入枝叶及果实生长旺盛期、促秧攻果、返秧、防衰 4 次肥水不可少。大棚等保护地合理放风、排除废气、降低温度、控制湿度,可减轻发病,防止落叶、落花、落果,花期灌水切忌在高温条件下进行。干旱严重时,应尽量在低温时浇灌。结合追肥及时中耕培土,防止倒伏,创造不利于病害发生的环境,全生育期喷施叶面肥 2~4 次,补充微肥,提高植株抗病性。注意暴雨后及时排除积水。

8. 扑海因、代森锰锌、多菌灵、百菌清、克露、瑞毒霉锰锌等杀菌剂对绝大多数真菌性病害都具有一定效果,可以酌情使用。

五、细菌性病害综合防治措施

(一)细菌性病害特点

辣椒的细菌性病害主要有疮痂病、细菌性斑点病、软腐病、青枯病等。此类病害有以下特点。

1. 出现脓状物,这是细菌性病害特有的病征。

2. 病原细菌在种子上越冬,也可随病残体在土壤中越冬,可通过种子调运、风雨、昆虫、灌溉水和接触传播成为初侵染源。

3. 易在高温多雨季节发生。连作地、田间低洼易涝、钻蛀性害虫多、连阴雨天气多、湿度大等条件下发病重。

(二)综合防治措施

1. 选用相对应的抗病品种。

2. 实行与非茄科及十字花科蔬菜进行 3 年以上轮作,避免连茬或重茬。改良土壤,整地时每 667 平方米施草木灰或石灰等碱性肥料 100～150 千克,使土壤呈微碱性,可有效抑制青枯菌的繁殖和发展。

3. 培育无病壮苗,提高寄主抗病力。提倡用营养钵育苗,做到少伤根。参考育苗技术章节。

4. 平整土地,北方宜采用垄作,南方采用高厢深沟栽植,适时定植,合理密植。雨季及时排水,尤其下水头不要积水。避免大水漫灌。

5. 保护地栽培要加强通风,防止棚内湿度过高。

6. 避免中耕过深损伤根系,及时防治地下害虫和根结线虫,及时喷洒杀虫剂防治烟青虫等蛀果害虫,减少伤口。

7. 及时清洁田园,尤其要清除病果,收获后及时清除病残体并及时深翻。

8. 化学防治,一般选择72%农用链霉素可湿性粉剂、77%可杀得可湿性粉剂、14%络铵铜水剂、新植霉素、硫酸链霉素等化学药剂进行防治。

六、病毒病综合防治措施

露地栽培辣椒时,病毒病常普遍发生,对生产产生较大威胁。发生病毒病一般减产30%左右,严重地块可减产60%~70%。

(一)识别特点

常见有花叶、黄化、坏死和畸形等4种症状。

花叶分为轻型花叶和重型花叶2种,轻型花叶病叶初现明脉轻微褪绿,或现浓、淡绿相间的斑驳,病株无明显畸形或矮化,不造成落叶;重型花叶除表现褪绿斑驳外,叶面凹凸不平,叶脉皱缩畸形,或形成线形叶,生长缓慢,果实变小,严重矮化。

黄化:病叶明显变黄,出现落叶现象。

坏死:病株部分组织变褐坏死,表现为条斑、顶枯、坏死斑驳及环斑等。

畸形:病株变形,如叶片变成线状,即蕨叶;或卷叶,或植株矮小,分枝极多,呈丛枝状。

有时几种症状同在一株上出现,引起落叶、落花、落果,严重影响辣椒的产量和品质。

(二)病　原

世界各地报道的毒源有 10 多种,我国已发现 7 种,包括黄瓜花叶病毒(CMV);烟草花叶病毒(TMV);马铃薯 Y 病毒(PVY);烟草蚀纹病毒(TEV);马铃薯 X 病毒(PVX);苜蓿花叶病毒(AMV);蚕豆萎蔫病毒(BBWV)。其中 CMV 可划分为 4 个株系,即重花叶株系、坏死株系、轻花叶株系及带状株系。黄瓜花叶病毒是辣椒最主要的侵染源,可引致辣椒系统花叶、畸形、卷叶矮化等,有时产生叶片枯斑或茎部条斑。烟草花叶病毒是辣椒第二位的侵染源,主要前期为害,常引起急性型坏死枯斑或落叶,后心叶呈系统花叶,或叶脉坏死,茎部斑面或顶梢坏死。马铃薯 Y 病毒在辣椒上呈现系统性轻花叶和斑驳,引致花叶、矮化、果少等症。马铃薯 X 病毒引致辣椒产生系统性重花叶和叶脉深绿。苜蓿花叶病毒在辣椒上产生系统花叶或褪绿黄斑。蚕豆萎蔫病毒造成辣椒叶片系统性褪绿、斑驳,花蕾变黄,顶枯,茎部坏死及整株萎蔫。

(三)发病原因

传播途径随侵染源种类不同而异,但主要可分为虫传和接触传染两大类。可借虫传的病毒主要有黄瓜花叶病毒、马铃薯 Y 病毒及苜蓿花叶病毒,其发生与蚜虫的发生情况关系密切,特别是遇高温干旱天气,不仅可促进蚜虫传毒,还会降低寄主的抗病性;烟草花叶病毒靠接触及伤口传播,通过整枝、打杈和嫁接等农事操作活动传染。此外,定植晚,连作地,低洼及缺肥地易引起该病流行。

(四)综合防治措施

1. 选用抗病毒病和耐病毒病品种。

2. 适时播种,培育壮苗。育苗时加盖防虫网,以防虫传毒。秧苗株型矮壮,在第一分杈具花蕾时定植。

3. 种子用 10％磷酸三钠浸种 20～30 分钟后洗净催芽,在分苗、定植前或花期分别喷洒 0.1％～0.2％硫酸锌。

4. 利用保护地设施,于终霜前 20～25 天定植,或采用塑料膜覆盖栽培,促其早栽、早结果。病毒病盛发期时辣椒已花果满枝,根系发达,植株老健,抗病能力强。

5. 采用配方施肥技术,施足基肥,勤浇水。尤其在采收期更需勤施肥、浇水。

6. 遮荫栽培,及时防蚜虫。与高粱、玉米等高秆作物间作,减轻病毒病发生。蚜虫防治请参照本书虫害防治部分。

7. 喷洒 20％病毒 A 可湿性粉剂 500 倍液、1.5％植病灵水剂 1 000 倍液、NS－83 增抗剂 100 倍液或抗毒剂 1 号 200～300 倍液,隔 10 天左右喷施 1 次,连续防治 3～4 次。

七、生理性病害综合防治措施

(一)主要生理性病害

辣椒的生理性病害主要有沤根、脐腐病、日烧病等。

沤根为苗期病害之一。沤根发生时,根部不发新根或不定根,幼根表面开始呈锈褐色,后逐渐腐烂。地上部生长受抑制,致使上部叶片变黄,不生新叶,中午前后萎蔫,甚至叶缘枯焦或成片干枯,幼苗容易拔起。发病原因是因为床土持续低温(12℃以下)、高湿、造成缺氧状态,根系生理机能被破坏,形成沤根。

脐腐病又称顶腐病或蒂腐病,主要危害果实。被害果与花器残余部及其附近,出现暗绿色水浸状斑点,后迅速扩大,有时可扩展到近半个果实。病部组织皱缩,表面凹陷,常伴随弱寄生菌侵染而呈黑褐色或黑色,内部果肉也变黑,但仍较坚实。如遭软腐细菌侵染,则引起软腐。脐腐病在高温干旱条件下易发生,水分供应失常是诱发此病的主要原因。植株前期土壤水分充足,但生长旺盛时水分骤然缺乏,原来供给果实的水分被叶片夺走、致使果实突然大量失水,引起组织坏死而形成脐腐;也有认为是植株不能从土壤中吸取足够的钙素,致脐部细胞生理紊乱,失去控制水分的能力而发病。此外,土壤中氮肥过多,营养生长旺盛,果实不能及时补充钙也会发病。经测定含钙量在 0.2% 以下易发病。

日烧病又叫日灼病,是辣椒常发生的一种生理病害。该病病因是强烈阳光直射灼伤果实表皮细胞,引起水分代谢失调所致。症状只出现在裸露果实的向阳面上。发病初期病部褪色,略微皱缩,呈灰白色或淡黄色。病部果肉失水变薄,呈革质,半透明,组织坏死发硬绷紧,易破裂。后期遇潮湿天气,病部易被病菌或腐生菌类感染,长出黑色、灰色、粉红色等杂色霉层,病果易腐烂。日烧病发病原因主要是叶片遮荫不好,植株株型不好;土壤缺水,天气过度干热,雨后曝晒,土壤黏重,低洼积水等也可引起。植株因水分蒸腾不平衡,引起涝性干旱等因素也可诱发日灼病。在病毒病发生较重的田块或因疫病等引起死株较多的地块,过度稀植等田地,日灼病发生尤为严重。钙素在辣椒水分代谢中起重要作用,土壤中钙质淋溶损失较大,施氮过多,引起钙质吸收障碍等生理因素,也和日烧病的发生有一定的关系。

(二)综合防治措施

1. 防止沤根 育苗床土温度控制在12℃以上。播种时一次浇足底水,低温下控制苗床湿度。增加光照,适量通风,加强炼苗。出现轻微沤根时,要提高床温,及时松土。

2. 覆盖地膜 用地膜覆盖可保持土壤水分相对稳定,并能减少土壤中钙质等养分的流失。

3. 合理密植和间作 大垄双行密植,可使植株相互遮荫,减少阳光下的果实暴露。与玉米、高粱等高杆作物间作,利用高杆作物遮荫,减轻日烧的危害,还可改善田间小气候,增加空气湿度,减轻干热风的危害。

4. 适时合理灌水 结果后及时均匀浇水防止高温危害,结果盛期以后,应小水勤灌。特别是黏性土壤,应防止浇水过多而造成的缺氧性干旱。

5. 根外追肥 在着果后喷洒1%过磷酸钙、0.1%氯化钙或0.1%硝酸钙溶液等,可提高植株的抗病能力。隔7~10天1次,连续防治2~3次

6. 使用遮阳网 可覆盖黑色遮阳网,减弱强光照射造成的危害。

7. 其他措施 在治理同时,及时防治其他病害,避免早期落叶。

八、虫害综合防治措施

辣椒的虫害主要有白粉虱、棉铃虫、烟青虫、茶黄螨、蚜虫、小地老虎、蝼蛄、蛴螬、红蜘蛛等十几种。要采取农业防治同物理、化学、生物防治等相结合的综合防治方法。

(一)农业防治

1. 深翻土壤,冬耕冬灌,可消灭越冬蛹。整地晒田,合理进行间、套作等措施,也可以减轻虫害的发生。在椒田种植玉米诱集带,能减少椒田棉铃虫的产卵量,但应注意选用生育期与棉铃虫成虫产卵期吻合的玉米品种。

2. 把好育苗关,培育无病虫壮苗。从外地引种,必须进行植物检疫,防范新病虫的传入。采用防虫网或通风口密封尼龙纱的温室育苗,减少外来虫源。加强苗期虫害预防,做好移栽前的炼苗,拔除病虫株,选用无虫健壮苗。

3. 加强田间管理,及时清除田园及其附近的杂草,减少虫源。在产卵盛期结合整枝打杈,除去嫩叶、嫩头上的卵,可有效地减少卵量。生产过程中要及时摘除虫枝、虫叶、虫果,清除菜田残留物,减少传播源。采收后及时清除废弃地膜、秸秆、病株残叶,并集中处理是减少虫害越冬、繁殖和传播的重要措施。

(二)物理防治

根据害虫的趋光性、趋味性、趋色性等特性,采用高压汞灯、黑光灯、杨树枝、机油黄色板、性诱剂等诱集成虫,集中捕杀。实践证明,以上方法经济、安全、有效。

(三)生物防治

1. 释放丽蚜小蜂或草蛉等进行捕杀白粉虱。人工饲养瓢虫、蜘蛛、草蛉等,释放到椒田中防治蚜虫。

2. 利用生物农药,如细菌杀虫剂(Bt 乳剂、HD-1 等苏云金芽孢杆菌制剂)或棉铃虫核型多角体病毒制剂等进行防治。

(四)化学防治

针对每种害虫的具体特点,采用合适的化学药剂能快速消灭害虫,降低虫口密度。

九、出现药害的补救措施

药害是指因农药施用不当而引起植株各种病态反应,包括组织损伤、生长受阻、植株变态、减产等一系列非正常生理变化。

(一)产生原因

一是误用了不对症的农药或误用了除草剂;二是施用农药的浓度过大或者连续重复施药;三是高温或高湿条件下施药;四是施用了劣质农药;五是土壤施药不够均匀。

(二)药害症状

1. 斑点 主要发生在叶片上,有时也在茎秆或果实表皮上。常见的有褐斑、黄斑、网斑等。药害斑点与生理性病害的斑点不同,药斑在植株上分布没有规律性,整个地块发生有轻有重。病斑通常发生普遍,植株出现症状的部位较一致。药斑与真菌性病斑的斑点也不一样,药斑大小、形状变化大,而病斑具有发病中心,斑点形状一致。

2. 黄化 主要发生在蔬菜的茎叶部位,以叶片黄化发生较多。引起黄化的主要原因是农药破坏了叶片内的叶绿素,轻度发生表现为叶片发黄,重度发生表现为全株发黄。药害引起的黄化与营养元素缺乏引起的黄化有所区别,前者常常由黄叶变成枯叶,晴天多,黄化产生快,阴雨天多,黄化产生慢;后者常与土壤肥力有关,整块地黄化苗表现一致。

3. 畸形 由药害引起的畸形可发生于植株茎叶、果实和根部,常见的有卷叶、丛生、肿根、畸形果实等。药害畸形与病毒病害畸形不同,前者发生普遍,植株上表现局部症状;后者往往零星发生,表现系统性症状,常伴有花叶、皱叶等症状。

4. 枯萎 药害枯萎往往整株表现症状,大多由除草剂引起。药害引起的枯萎与植株染病引起的枯萎症状不同,前者没有发病中心,且大多发生过程较迟缓,先黄化后死苗,输导组织无褐变;而后者多是根茎输导组织堵塞,当阳光照射,蒸发量大时,先萎蔫后失绿死苗,根茎导管常有褐变。

5. 生长停滞 这类药害抑制了植株正常生长,使植株生长缓慢。药害引起的生长缓慢与生理病害的发僵和缺素症比较,前者往往伴有药斑或其他药害症状;而中毒发僵常表现为根系生长差,缺素症则表现为叶色发黄或暗绿。

6. 脱落 这种药害表现为落叶、落花、落果等症状。药害引起的脱落现象与天气或栽培原因引起的落叶、落花、落果不同,前者常伴有其他药害症状,如产生黄化,枯焦后再落叶;而后者常与异常气候有关,高温、高湿时常会出现,缺肥或生长过旺也易引起落花、落果。

(三)补救措施

1. 喷水冲洗　若是叶片和植株因喷错农药或发生药害，可在早期药液尚未完全渗透或被吸收时，迅速用大量清水喷洒叶片，反复喷水 3～4 次，尽量把植株表面的药液冲刷掉。如果是酸性药剂造成的药害，喷水时可加入适量草木灰或 0.1％生石灰；碱性药剂造成的药害，喷水时可加入适量食用醋，能够中和与缓解药剂。同时要注意棚室通风，散湿降温，以利于有害气体排出。并配合中耕松土，促进根系发育，迅速恢复植株正常生长。

2. 追施速效肥料　植株产生药害时，要及时浇水追施尿素等速效肥料。此外，还要在叶面喷施 1％～2％尿素或 0.3％磷酸二氢钾溶液，促使植株生长，提高自身抵抗药害的能力。

3. 使用解毒剂或植物生长调节剂　根据引发药害的农药性质，采用与其性质相反的药物中和，如 0.5％生石灰水可以缓解铜制剂造成的药害；0.2％肥皂液可以缓解有机磷农药造成的药害；多效唑药害可喷洒赤霉素缓解，其他如叶面宝等进行叶面喷施，效果也很好。

4. 灌水洗田　对于土壤施药过量的田块，应及早排灌洗田，将大量残留药物随水排出田外，能有效减轻药害。

5. 摘除受害处　及时摘除植株受害的果实、枝条、叶片，防止植株体内的药剂继续传导和渗透。

第六章　经济效益分析及市场营销

一、辣椒种植效益分析

(一)辣椒生产的几种栽培方式与粮食、
经济作物的效益分析比较

辣椒生产是一项周期短、投入少、高产、高效益的富民产业,河南省辣椒生产的几种栽培方式与粮食、经济作物相比,其纯收入大小的顺序是:日光温室辣椒＞大棚辣椒＞中、小棚辣椒＞地膜覆盖辣椒＞露地辣椒＞小辣椒＞其他经济作物＞粮食作物。

1. 日光温室辣椒　一年按种植早春茬和秋延后两茬计算。品种选用康大系列、洛椒 4 号等微辣品种。早春茬辣椒每 667 平方米产 5 000 千克,秋冬茬每 667 平方米产 3 500 千克,两茬合计 8 500 千克。每千克平均价格 2.4 元,可实现每 667 平方米产值 2.04 万元。除去温室折旧费、种子及其他农资投入、劳动力工资等合计 0.7 万元,每 667 平方米温室辣椒可实现净收入 1.34 万元。如果种植美国大西洋红皮甜椒、劳力士黄皮甜椒、太空椒等名特品种,每 667 平方米产量每年至少可达 15 000 千克,每千克平均价格 4 元,可实现每 667 平方米产值 6 万元,净收入可达 5 万元。

2. 大棚辣椒　一年按种植早春茬和秋延后两茬计算。品种选用郑椒 9 号、康大系列、苏椒 5 号等品种。早春茬辣椒每 667 平方米产 3 500 千克,秋延后每 667 平方米产 2 000 千克,两茬合计 5 500 千克。每千克平均价格 2.2 元,可实现每 667 平方米产值 1.21 万元。除去大棚折旧费、种子及其他农资投入、劳动力工资等合计 0.5 万元,每 667 平方米大棚辣椒可实现净收入 0.71 万元。如果种植美国大西洋红皮甜椒、劳力士黄皮甜椒、太空椒等名特品种,每 667 平方米可实现净产值 2 万元。

3. 中小棚辣椒 一年按种植早春茬和秋延后两茬计算。品种选用郑椒 9 号、康大系列、苏椒 5 号等品种。早春茬每 667 平方米产 3 000 千克,秋延后每 667 平方米产 3 000 千克,两茬合计 6 000 千克。每千克平均价格 1.6 元,可实现每 667 平方米产值 0.96 万元。除去所有投资费用 0.36 万元,每 667 平方米中小棚辣椒可实现净收入 0.6 万元。如果种植美国大西洋红皮甜椒、劳力士黄皮甜椒、太空椒等名特品种,每 667 平方米可实现净收入 1 万元。

4. 地膜覆盖辣椒 种植品种选用洛椒 4 号、郑椒 9 号等品种。每 667 平方米产 4 000 千克,每千克平均价格 0.8 元,可实现每 667 平方米产值 0.32 万元,除去所有投资 0.12 万元,可实现每 667 平方米净收入 0.2 万元(不包括冬季再种其他菜收入)。如果种植美国大西洋红皮甜椒、劳力士黄皮甜椒、太空椒等名特品种,每 667 平方米可实现净收入 0.4 万元。

5. 露地辣椒 种植郑椒 16 号、郑椒先锋等品种。每 667 平方米产 3 500 千克,每千克平均价格 0.6 元,可实现每 667 平方米产值 0.21 万元(不包括冬季再种其他菜收入),除去所有投资费用 0.06 万元,可实现每 667 平方米净收入 0.15 万元。

6. 小辣椒(朝天椒) 种植品种选用三樱椒、邓椒 18、贵州王等品种。每 667 平方米产 200 千克干椒,每千克平均价格 6 元,可实现每 667 平方米产值 0.12 万元(不包括冬季加种其他菜收入),除去投资费用 0.03 万元,可实现每 667 平方米净收入 0.09 万元。

7. 其他经济作物 烟叶、棉花等一般每 667 平方米纯收入 0.07 万元。

8. 粮食作物 一般每 667 平方米纯收入 0.05 万元。

从以上数据分析可以看出:667 平方米日光温室辣椒收入=1.9 倍大棚辣椒收入=2.2 倍中小棚辣椒收入=6.7 倍地膜覆盖辣椒收入=9 倍露地辣椒收入=15 倍小辣椒(朝天椒)收入=19 倍其他经济作物收入=27 倍粮食作物收入。

(二)辣椒产品的贮藏、加工效益分析

1. 贮藏效益分析 如某县种植 3 335 万平方米露地秋辣椒,每 667 平方米产 3.5 吨,总产量可达 17.5 万吨,吨均价 0.06 万元,总产值可达 1.05 亿元。如果按 10 月 10 日采收,贮藏至第二年元月 10 日,吨均价 0.3 万元,可实现收入 5.25 亿元,那么贮藏了 3 个月可增加收入 4.2 亿元。可见辣椒贮藏的增值效益非常明显。

2. 加工效益分析 小辣椒可加工成辣椒酱、腌小椒、香辣粉、辣椒油、辣红素等系列加工产品。1 吨干椒均价按 0.6 万元计算,加工后平均增值按 2.5 倍计算,那么,1 吨干椒经加工后,升值为 1.5 万元,增值达 0.9 万元,可见小辣椒的加工增值效益也是非常明显的。

二、辣椒在生产和销售管理中存在的问题

第一，农民多为单家独户种植，获取市场信息渠道窄，经常处于盲目生产状态，抵御市场风险能力差。

第二，销售大部分仍是零乱无序的小商贩的营销形式，存在销售渠道不畅的缺点，容易出现卖菜难，卖价低的现象，不可能在今后激烈的市场竞争中取胜。

为解决上述问题，提出以下建议。

第一，成立辣椒专业合作社。专业合作社的成立，可加快农业结构调整，促进效益农业的发展，符合农村社会主义市场经济要求，满足了农民的意愿，较好地解决了千家万户小生产与千变万化大市场的衔接问题。专业合作社的作用有以下几点。

1. 制订种植计划。

2. 搜集相关信息，提供给农民。

3. 与种子公司、农户建立起连接关系，可将好的品种推荐给大家。

4. 帮助农民开拓市场，解决农产品销售难的问题。

5. 为农民提供技术服务，解决生产中的难题。

第二，建立多方联合的"贩菜"（经纪人）队伍。种菜的目的一是为了食用，二是为了要效益，种出的菜只有卖出去了，才能见到效益。因此，建立一支由国家、集体、个人联合起来的"贩菜队伍"，特别是建立一支由农民自己组织起来的"菜贩子"队伍，东西联合，南北联合，国内外联合，要把菜农种菜在国内收得起来，卖得出去，还要远销国外大市场。

三、以市场和利润为中心的生产经营管理

(一)摸清市场规律

市场供求虽变幻无常,但仍有规律可循。辣椒市场供求和价格的变化常表现为季节性和周期性规律。在供应旺季,自然条件好,产品成本低,但供应量大,竞争激烈,价低利微;而在供应淡季,对生产技术要求高,但市场供求量少,价高利厚。当产品供大于求时,价格下降,供应量增加而需求量减少;当需求大于供应时,价格反弹,需求量增加而供应量受到抑制。"反其道而行"就是不盲目随大流,在淡季生产和销售,或在旺季生产,通过保鲜处理到淡季再销售。

辣椒在生产上的主要特点是栽培面积大,其次是栽培茬口多,如春提前、春露地、越夏茬、秋延后、越冬茬等。从销售上来说,是销售量大。近10年来,北方市场元旦、春节期间辣椒销售由于受海南省这个天然温室的影响,表现为货源充足、价格偏低,但相对于本地的温棚辣椒生产而言,由于就近供应市场,新鲜,商品性好,因此,售价明显高于长途贩运的辣椒,具有较强的市场竞争力。每年的3~4月份,随着海南等省南菜北运的逐步减少,北方市场辣椒供应货源偏紧,价格回升,并显著高于元旦、春节的销售价格。5月份以后,随着北方各种保护设施栽培辣椒的源源上市,其价格逐渐下滑,并趋于低价位,平稳。

(二)以利润为中心的生产经营管理

1. 生产方向 为了适应消费者对无公害及有机食品的

需求,菜农朋友在生产中应积极主动地采取无公害及有机栽培技术,实施标准化生产。不使用高毒高残留农药,多施有机肥、生物肥、生物农药等。对蔬菜产品要积极进行商标注册,树立品牌意识。有条件者要尽早实施无公害农产品认证,以此来抢占并扩大市场份额。

2. 生产方式 辣椒生产要实现产业化。辣椒生产产业化,是以国内外市场为导向,以提高经济效益为中心,对当地辣椒生产实行区域化布局、专业化生产、一体化经营、社会化服务、企业化管理,把产供销、贸工农、经科教紧密结合起来,形成一条龙的经营体制。在家庭生产的基础上,逐步实现辣椒生产的专业化、商品化和社会化。

辣椒生产实现产业化,第一,要发展壮大一批规模较大、竞争力强、市场占有率高的辣椒生产、销售、加工龙头企业。第二,坚持抓好定单农业,做好产前、产中、产后服务。第三,大力培育辣椒生产专业村、专业乡(镇)。第四,积极发展种椒大户。积极探索和完善农村土地使用权流转机制,采取土地转包、转租、租赁等方式,将土地向种椒大户集中。

3. 生产规模 山东省寿光等地的实践表明,蔬菜生产越集中,商品量越大越好卖,价位越高。某些地区的辣椒生产,所以发展不起来,或者有些发展,也形不成气候的一个重要原因,就是这个地区没有重视辣椒的规模生产,往往是政府号召群众种辣椒,群众零零星星的建几个温室、大棚,而没有形成应有的规模,只是应付而已,生产的辣椒又因没有形成规模而卖不出好价钱。辣椒要发展,必须形成一定的规模,使辣椒生产走上了良性循环的道路。

4. 生产投资及决策

(1)要科学投入,做到量入为出 切忌盲目地、过分地、违反科学地加大投入,这样只会增加蔬菜的产出成本,降低蔬菜的种植效益。蔬菜种植的投入,要合理安排,科学计算。例如在防病治虫上,要根据发生规律,结合病虫情报,使防治效果达到最佳效益。在蔬菜生产的投入上,要根据蔬菜的产量、病虫害发生的程度等科学计算出需要投入的资金。

(2)加快蔬菜新品种的推广应用速度 现在,每年新审定或新推出的辣椒品种达几十个,有时多达上百个,因此,要加快新品种的推广速度。一个新品种的增产效益是其他增产方法的几倍或十几倍。所以说,推广种植新品种,是现阶段辣椒生产提高效益的重要措施。要加快新品种的转化,使之尽快形成新的经济增长点。

四、制订辣椒种植计划,做好效益预测

要成为一个优秀的辣椒生产者,在下一茬辣椒种植前,要提前1～2月制订好辣椒种植计划,并作好效益预测。

(一)制订辣椒种植计划

制订辣椒种植计划,有助于减少种植的盲目性,做到心中有数,有条不紊。

1. 确定栽培形式 生产者要根据当地的自然条件及自己的具体条件,确定所种辣椒的栽培形式,是采用保护地还是露地栽培,是温室生产,还是大棚或是中、小拱棚生产。

2. 进行市场调查 生产者要根据自己产品的最终消费地区是当地还是外销,进行辣椒消费市场调查,调查最终消费地区人们的消费习惯及对辣椒品种的具体要求,选择适销对路的辣椒品种。

3. 确定栽培时期 根据栽培形式及当地自然条件确定栽培时期,包括育苗播种期、分苗期、定植期等,并做好采收时间的预测。

4. 制订好生产资料的购买计划 根据栽培面积的大小,制订好生产资料的购买计划。生产资料包括有机肥、化肥、农药、农具、农膜、种子及其他等。有助于防止过量购买,增加不必要的投资。

5. 制订好种植各环节所要做的工作 包括苗床的准备、播前种子处理、播种、分苗、苗期管理、整地、定植、田间管理、病虫害防治、采收、销售等一系列环节。制订好每个时期所需生产资料、怎样做及注意事项等工作,做好病虫害的预测。

(二)效益预测

根据所制订的种植计划,可以估算出整个种植期的全部投入。再对所种辣椒预期产量及销售价格(可根据上几年的价格情况进行分析得出)做出估算,可获得所种辣椒收入值。两者相减,就得出了一茬辣椒的预测效益。

效益预测的目的在于明确生产者要达到的目标,并努力去实现和超过这一目标。可以促使生产者更加合理使用资金,减少不必要的浪费,以达到提高种植效益的目的。

(三)养成写"种菜日记"的习惯

农民要致富,关键是要提高科技素质。除了制订好种植计划,提倡菜农朋友坚持天天写"种菜日记"。写"种菜日记"是提高菜农科技素质的一个好办法。写日记可以帮助菜农发现当年辣椒栽培管理上的问题,为来年改进生产提供依据,可积累种菜经验,找出得失。

日记内容包括:栽培时期、生长期调查、田间管理方法(追肥、浇水、防治病虫害情况、植株调整等)、产量与效益(采收的时间、数量、市场行情以及销售收入)、异常气候及危害、天气预报等等,尽量多记。

有心的菜农几年坚持下来,就足以成为一位辣椒土专家了,提高种辣椒经济效益也就更有了保障。

参考文献

1 邹学校. 中国辣椒. 北京:中国农业出版社,2002

2 杨忠国等. 辣(甜)椒反季节栽培技术. 郑州:河南科学技术出版社,2001

3 杨南方等. 辣(甜)椒四季栽培技术. 郑州:中原农民出版社,1996

4 吴国兴等. 日光温室辣椒栽培新技术. 北京:中国农业出版社,1996

5 高丽红等. 蔬菜设施育苗技术问答. 北京:中国农业大学出版社,1998

6 张武军等. 辣椒生产技术指南. 北京:中国农业出版社,1999

7 吴国兴等. 日光温室辣椒栽培新技术. 北京:中国农业出版社,1996

8 高志奎. 辣椒优质丰产栽培原理与技术. 北京:中国农业出版社,2002

9 韩世栋等. 辣椒生产技术百问百答. 北京:中国农业出版社,2006

10 戴雄泽等. 初论我国辣椒产业的现状及发展趋势. 辣椒杂志. 2005.4

11 王玉祥等. 关于把我市建成全国辣椒第一市(县)的探析与建议. 河南省第一届蔬菜技术交流及产品交流大会论文集. 河南省园艺学会,2004.4

金盾版图书,科学实用,
通俗易懂,物美价廉,欢迎选购

　　以上图书由全国各地新华书店经销。凡向本社邮购图书或音像制品,可通过邮局汇款,在汇单"附言"栏填写所购书目,邮购图书均可享受9折优惠。购书30元(按打折后实款计算)以上的免收邮挂费,购书不足30元的按邮局资费标准收取3元挂号费,邮寄费由我社承担。邮购地址:北京市丰台区晚月中路29号,邮政编码:100072,联系人:金友,电话:(010)83210681、83210682、83219215、83219217(传真)。